Neil Punchard & Ricky Ray

BÖKER

Feine Messer im Zeichen des Baums

Neil Punchard & Ricky Ray

Böker

Feine Messer im Zeichen des Baums

Titel der Originalausgabe: Boker

1. Auflage, 2019

ISBN 978-3-938711-94-1

Wieland Verlag GmbH, Rosenheimer Straße 22, D-83043 Bad Aibling
Telefon 08061/38998-0, Fax 08061/38998-20
www.wieland-verlag.com
info@wieland-verlag.com

Fotos: Rick Schunk, soweit nicht anders angegeben
Übersetzung aus dem Englischen: Nina Beyerlein (Bartsch Pacheco Translations)

Umschlaggestaltung und Layout: Caroline Wydeau

Druck: Print Consult
Printed in EU

Inhalt

Vorwort

Wir kennen Böker als traditionsreichen Solinger Hersteller von hochwertigen Schneidwaren. Doch dieses Bild ist zu klein. Wenn man von Böker spricht, muss man den Blick auch über den Atlantik auf die Böker-Gründungen in den USA und in Mexiko richten, die bereits im 19. Jahrhundert entstanden. Es handelte sich um unabhängige Unternehmen, die jedoch mit Böker in Deutschland familiär und wirtschaftlich eng verflochten waren. Vor allem Böker in Amerika hat eine durchaus wechselvolle Geschichte erlebt und ging durch mehrere Hände. Doch am Ende fand (fast) alles wieder zusammen: Heute sind die in den 1980ern gegründeten Böker-Gesellschaften in USA und Argentinien 100-prozentige Töchter von Böker Solingen. Nur der Ableger in Mexiko ist weiterhin unabhängig.

Die amerikanischen Messerexperten Neil Punchard und Ricky Ray haben sich an die Mammutaufgabe gewagt, die hoch komplexe Geschichte der Böker-Firmen und Böker-Messer aufzuarbeiten. Das Ergebnis ist das Buch, das Sie in den Händen halten. Als Amerikaner blicken sie natürlich von der anderen Seite des Ozeans auf das Thema. Diese Perspektive ist für den deutschen Leser vielleicht etwas ungewohnt – doch es könnte sein, dass es genau die richtige ist, denn der US-Markt war für Böker immer mit Abstand der wichtigste.

Die Amerikaner tun sich dabei in einem Punkt viel leichter als wir: Sie schreiben immer „Boker“, egal ob Heinrich Böker & Co. in Solingen oder die New Yorker H. Boker Company gemeint ist, die sich korrekterweise ohne Pünktchen auf dem O schrieb. Wir haben bei der deutschen Übersetzung versucht, diese feine Unterscheidung richtig zu treffen, wo sie notwendig ist.

Ich wünsche Ihnen nun viel Freude an der spannenden Lektüre. Für die vielen Freunde und Sammler von klassischen Böker-Messern ist sie ein Quell der Information und Inspiration.

Hans Joachim Wieland
Herausgeber

Die frühen Jahre

1829-1898

Das 19. Jahrhundert war auf der ganzen Welt eine turbulente Zeit. Rund um den Globus tobten Kriege, die ihren Siedepunkt erreichten. Und wo es Kämpfe gab, gab es auch Waffenhersteller und -händler. Lange bevor Taschenmesser im Vordergrund standen, stellten Schmiede Blankwaffen und Schwerter her, so auch die Firma Böker.

1829 gründeten die Brüder Hermann und Robert Böker die Schneidwarenfirma H. & R. Böker in Remscheid. Die Stadt Remscheid liegt, von Solingen aus gesehen, auf der anderen Seite der Wupper, und wie in Solingen produzierten die Remscheider Handwerker ein breites Spektrum an Schneidwaren und Werkzeugen. Die Gebrüder Böker starteten ihre Produktion mit 64 Klingenschmieden und 47 Schleifern. Im Jahr 1830 lässt sich eine wöchentliche Produktion von 2000 Schneidwaren und Blankwaffen belegen, darunter auch Säbel.

Da das Unternehmen florierte, beschlossen Hermann und Robert zu expandieren und einen größeren Weltmarktanteil zu gewinnen. Hermann wanderte 1837 in die Vereinigten Staaten aus und gründete die Hermann Boker Company in New York. Robert S. Böker, der Sohn von Heinrich „Henry“ Böker, Hermanns anderem Bruder, reiste später nach Kanada und 1865 nach Mexiko, um in diesen Ländern Niederlassungen zu eröffnen. Zu Hause in Deutschland gründeten Heinrich „Henry“ Böker und sein Geschäftspartner Hermann Heuser im Jahr 1869 die Heinr. Böker & Co. in Solingen, um für ihre amerikanischen Böker-Pendants Schneidwaren herzustellen.

In den Vereinigten Staaten wurde die Hermann Boker Company als „Importeur von deutschen Eisen- und Messerwaren und Waffen" in einem New Yorker Verzeichnis von 1841 erstmals gelistet. Böker verkaufte Schneidwaren und Blankwaffen an einen gesunden, wachsenden amerikanischen Markt. Die Verkäufe stiegen jedoch erst zu Beginn des amerikanischen Bürgerkriegs erheblich (1861–1866). Der Präsident der Vereinigten Staaten, Abraham Lincoln, genehmigte in einem Brief vom 5. September 1861 persönlich einen Vertrag zur Lieferung von Musketen und 18.000 Säbeln an die Unionsarmee. Am Ende des Bürgerkriegs gehörte Böker zu den zehn wichtigsten Lieferanten von Waffen, Munition und

Ein Bild von Hermann Böker, der zusammen mit seinem Bruder Robert 1829 in den USA die Boker Cutlery Company gründete.

Blankwaffen für diesen Konflikt. Schusswaffen und Munition wurden alle von anderen Firmen importiert, die Blankwaffen jedoch wurden von Heinrich Böker (noch vor der Gründung von Heinr. Böker & Co.) hergestellt. Nach dem amerikanischen Bürgerkrieg lieferte das in New York ansässige Unternehmen „H. Boker" weiterhin Blankwaffen für andere militärische Einsätze, unter anderem in Mexiko. Doch zum Ende des 19. Jahrhunderts führten friedlichere Zeiten und die größere Nachfrage nach Taschen- und Gebrauchsmesser zu einem Richtungswechsel bei Böker. Die Produktion von Blankwaffen ging zurück. Der neue Schwerpunkt lag bei Taschenmessern und Rasiermessern.

Ein Bild der ursprünglichen Böker-Fabrik in Solingen von 1869.

Das Werk im Jahre 1869.

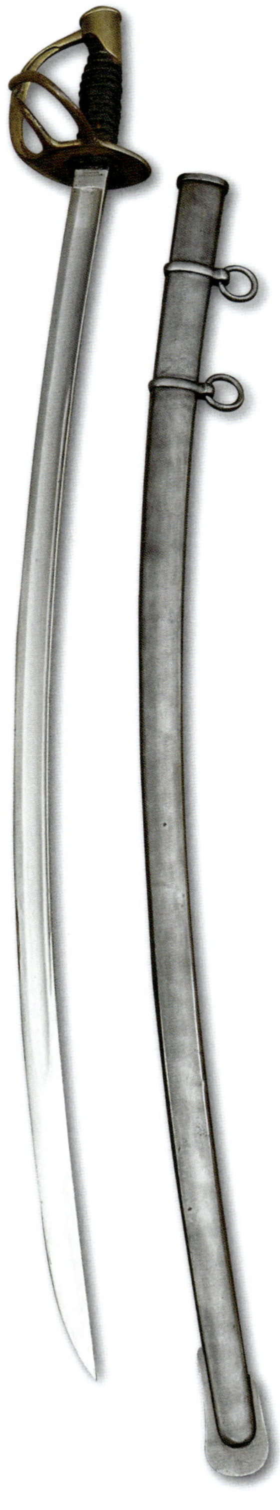

Das Unternehmen Hermann Boker (H. Boker) in Amerika hatte sich bereits nach dem Bürgerkrieg einen Namen gemacht, aber man festigte das Erbe zusätzlich mit einem einfachen Logo. Wie die Geschichte erzählt, stand ein großer Kastanienbaum in der Nähe der ursprünglichen Böker-Fabrik in Remscheid. Dieser wurde 1869 das offizielle Markensymbol und am 10. November 1870 als solches registriert. Der Markenname „Tree Brand" wurde jedoch erst 1913 zusammen mit „Arbolito" (Spanisch für „kleiner Baum") registriert, auch wenn „Tree Brand" bereits Jahrzehnte zuvor verwendet worden war. Das „Baum"-Logo wurde sowohl von den amerikanischen als auch von den deutschen Böker-Unternehmen benutzt. Sie lieferten ihre Schneidwaren jeweils an verschiedene Kunden, wobei aber alle mit dem Namen Böker versehenen Messer aus dem 19. Jahrhundert in Deutschland hergestellt wurden. Die amerikanische H. Boker Company verkaufte im späten 19. und frühen 20. Jahrhundert auch einige in Sheffield hergestellte Messer. Diese wurden jedoch als „Manhattan Cutlery Co." und „John Newton & Co." gekennzeichnet und waren hauptsächlich Bowie-Messer.

In den 1870er Jahren verloren die englischen Schneidwarenhersteller auf ihrem größten Markt, den Vereinigten Staaten, die Vormachtstellung bei feststehenden Messern und Klappmessern. Das war auf höhere Arbeits- und Materialkosten zurückzuführen und auch darauf, dass auf der Tradition von „handwerklich hergestellten" Messern beharrt wurde, anstatt auf fortschrittliche Mechanisierung zu setzen. In Sheffield wurden immer noch großartige Messer produziert, aber in den USA und Deutschland begann man zunehmend, Messer durch mechanisierte Prozesse schneller und kostengünstiger herzustellen.

Als die 1880er Jahre einbrachen, verstärkte Deutschland die Messerproduktion für Amerika, da die Produktion in England abflaute. Im späten 19. Jahrhundert gab es mehrere gute amerikanische Schneidwarenfirmen, aber die amerikanischen Importeure konnten in Deutschland hergestellte Messer oft zu einem günstigeren Preis als heimische Modelle anbieten. Der Vorteil von H. Boker in New York war noch größer, da das Unter-

Linke Seite: Einer der 18.000 Kavalleriesäbel, die Böker während des amerikanischen Bürgerkriegs 1861 an die Unionsarmee lieferte. Auf der Klingen steht „Henry Boker Solingen".

Ein klappbares Verlängerungsmesser, das wahlweise mit kurzer oder langer Klinge verwendet werden kann. Die Originallänge des Hirschhorngriffs beträgt 14,6 cm , das Messer misst geöffnet 46,4 cm. Der ovale Knopf im Griff muss gedrückt werden, um die Klinge in beiden Positionen zu entriegeln. Dieses seltene Modell trägt die Kennzeichnung „Henry Boker Solingen" und stammt aus den 1880er Jahren.

nehmen durch seine Verbindungen zu Böker Schneidwaren in Deutschland noch bessere Preise erzielen konnte.

Aber die Dinge änderten sich mit der Verabschiedung des U. S. Tariff Act von 1891 auf dramatische Weise: Mit diesem Gesetz wurden Zollsätze eingeführt, die dazu bestimmt waren, die Einfuhr vieler ausländischer Waren, einschließlich Schneidwaren, zu drosseln, um amerikanische Erzeugnisse von dem Wettbewerb zu schützen. Selbst nach dieser Zoll-Einführung (die den Preis der Messer fast verdoppelte), gelang es Deutschland noch immer, eine große Menge von Messern in die Vereinigten Staaten zu exportieren. Doch die Vorzeichen des drohenden Unheils für Böker und andere Schneidwarenfirmen, die in Amerika konkurrieren wollten, ließen sich nicht übersehen. So kam es bei Böker zu einschneidenden Veränderungen.

FARM
1911
ALMANA
ROBERT B. THOMAS
BY
HAVERHILL, MASS.:
WILLIAM E. HOW.
RADIUM

Der Aufstieg von Böker USA

1899-1940

Edward Grafmueller war ein deutscher Auswanderer, der mit einem Traum in die Vereinigten Staaten kam: Seine Vision war die Herstellung von Schneidwaren in den Vereinigten Staaten, mit dem Qualitätsniveau deutscher Messer und Scheren. Zu diesem Zweck gründete er 1892 das Unternehmen Valley Forge Cutlery. Er hatte wahrscheinlich nicht vorausgesehen, dass seine Firma schon acht Jahre später Teil des wachsenden Messerunternehmens Hermann Boker & Co sein würde. Doch tatsächlich wurde Valley Forge bald zu Bökers Geheimwaffe im Kampf gegen die ständig steigenden Einfuhrzölle.

Ende des 19. Jahrhunderts wurde der Großteil der von Böker in Solingen produzierten Artikel in die USA geschickt. Dort wurden sie durch die Hermann Boker & Company in New York vertrieben, nun unter der Leitung von Carl F. Böker. Die Verkäufe von Taschenmessern stiegen beständig, bis sie den Absatz von Scheren, Rasiermessern und Besteckmessern übertrafen. Das Problem waren die steigenden Einfuhrabgaben. Carl Bökers Plan war es, diese Einfuhrzölle einzudämmen, indem er Böker-Messer in den Vereinigten Staaten herstellte.

Es wurde eine Vereinbarung mit Grafmueller getroffen, woraufhin die Valley Forge Cutlery Company am 10. Mai 1899 in das Unternehmen integriert wurde. Den Berichten zufolge hatte die neue Gesellschaft ein Stammkapital von 50.000 Dollar. Die wichtigsten Vorstandsmitglieder waren Carl F. Böker als Präsident und Hans R. Böker, sowie der ehema-

Einführungsseite aus einem US-Katalog von Böker aus dem Jahr 1928.

INTRODUCTORY PAGE

Boker *Tree* Brand

ESTABLISHED in New York City in 1837, H. Boker & Co. Inc., for nearly a century has been known from coast to coast as manufacturer and importer of fine cutlery and hardware. During that period the name "Boker *Tree Brand*" has become recognized as a standard of quality in cutlery. These facts are the result of close adherence to a definite principle which has governed all manufacturing and importing of H. Boker & Co. Inc.

This principle is simply a conviction on the part of this house from its beginning that what the trade and the public want is a certainty of dependable quality and full value in merchandise. The effort of the house of Boker has always been to meet this demand, to make goods that are the best that the finest materials and the most skilled manufacturing knowledge can produce.

To get this result the steel which g… *Tree Brand* article has been determined only after careful study and an… particular use to which that article is to be… best cutlers of many lands have been drawn… factory. These methods have brought su… steel and hand honing on Arkansas ston… analysis English steel, hand grinding a… forged blades, taper ground with a "gri…

Added to right material and right… times strives to give a quality of servic… trade and in all things to work in a spiri…

Ein Briefkopf der Firma Valley Forge aus den 1920er Jahren.

VALLEY FORGE CUTLERY CO.

Manufacturers of

A COMPLETE LINE OF

TRADE  MARK

QUALITY POCKET KNIVES

VALLEY FORGE CUTLERY CO.

NEWARK, N. J.

U. S. A.

lige Inhaber von Valley Forge, Edward Grafmueller, der bis weit in die 1920er Jahre als Vorstandsmitglied, Betriebschef und Vizepräsident bei H. Boker & Company tätig war. Diese neue Unternehmenspartnerschaft stärkte Hermann Boker & Company genauso wie die Valley Forge Cutlery. Sie ermöglichte den Unternehmen, sowohl als amerikanischer Hersteller als auch als Importeur von Schneidwaren auf dem Markt zu bestehen. Beide Messermarken wurde dort bis zur Schließung des Werks nebeneinander hergestellt.

Auch das Baumsymbol wurde auf den in den USA hergestellten Böker-Messern verwendet. Ab 1899 wurden auf dem amerikanischen Markt zwei verschiedene Böker-Messer-Serien mit dem gleichen Markenzeichen angeboten, manchmal sogar mit den gleichen Modellnummern, jedoch wurde eine Serie in den USA und die andere in Solingen hergestellt. Die beiden Böker-Messer-Serien besaßen sogar eine gemeinsame Prägung auf dem Ricasso. Doch das alles sollte sich in den folgenden Jahrzehnten der 1920er und 1930er Jahre ändern.

Die ganze Welt wurde 1914 in Aufruhr versetzt und stürzte ins Elend. Am 28. Juni 1914 erschoss ein serbischer Nationalist namens Gavrilo Princip in Sarajevo, Bosnien, den österreichischen Erzherzog Franz Ferdinand. Ferdinand war der Thronfolger der Österreichisch-Ungarischen Monarchie. Dieses Ereignis war der Auslöser für das Inferno, das damals als „Großer Krieg" bezeichnet wurde und heute als Erster Weltkrieg bekannt ist. Am 28. Juli 1914 erklärte Österreich Serbien den Krieg. Zum 1. August hatte auch Deutschland Russland den Krieg erklärt. Mehrere Länder mit gemeinsamen Verteidigungsabkommen vereinten sich, um gemeinsamen und historischen Feinden den Krieg zu erklären und dabei einige offene Rechnungen zu begleichen.

Der Krieg hatte starke Auswirkungen auf den Export von Schneidwaren aus Solingen. Deutschland vollzog die Umstellung von einer Friedens- auf eine Kriegswirtschaft schnell und zielgerichtet. Die gesamte Fertigung wurde nun vollständig zur Unterstützung der Kriegsanstrengungen

Ein von C. Undy 1922 angemeldetes Patent für ein Valley-Forge-Messer mit Zange. Das Patent wurde am 11. September 1923 erteilt.

Ein amerikanisches Messer mit Kombizange von Valley Forge mit Hauptklinge, Zange und Schraubendreher, das 1923 patentiert wurde. Dieses Modell erschien auch mit einer Böker-Klingenprägung. Beide Modelle sind heute sehr selten.

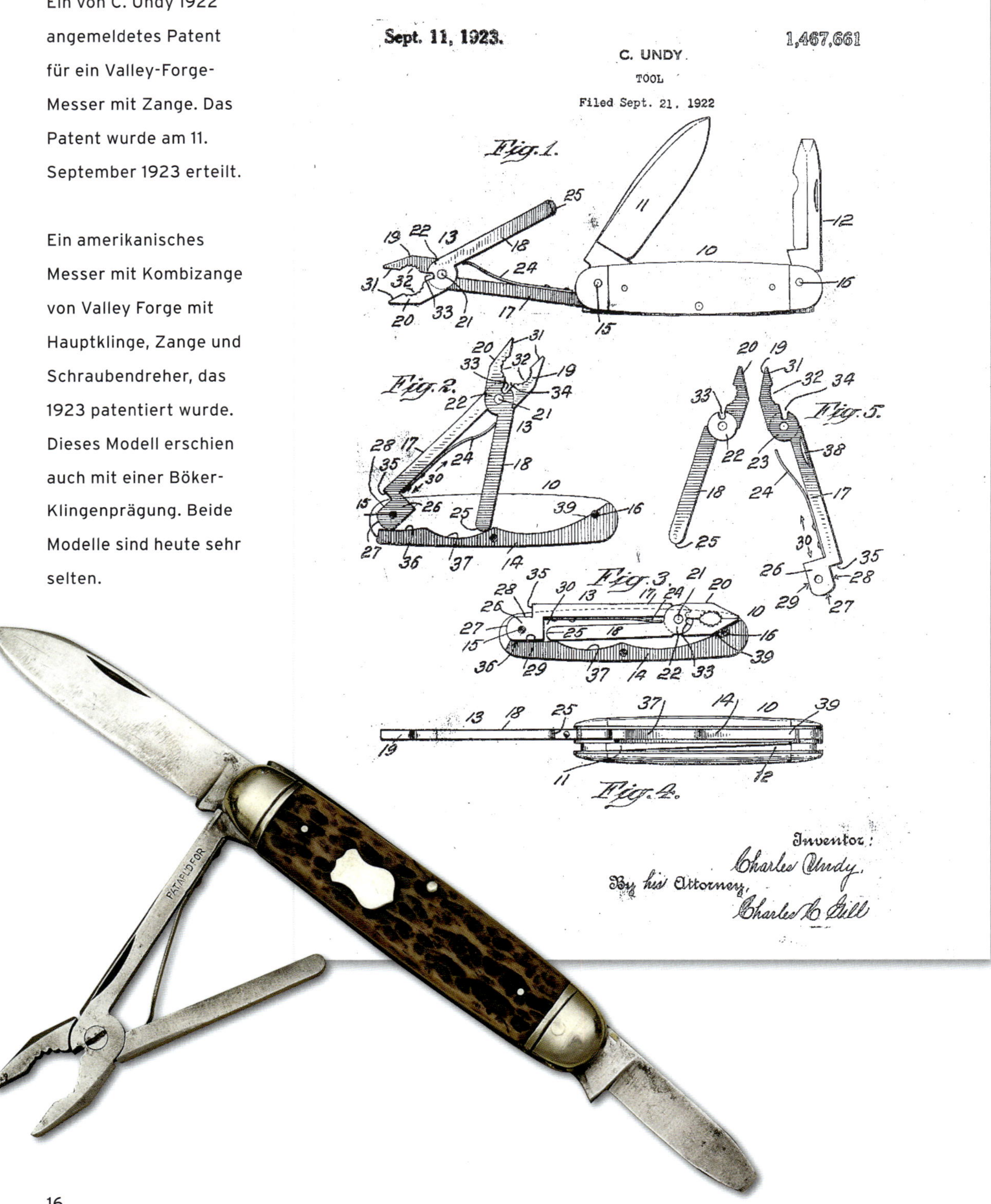

genutzt. Bis weit nach Kriegsende im November 1918 wurden keine Taschenmesser für den zivilen Gebrauch in die USA geliefert.

H. Boker & Company in den Vereinigten Staaten stellte weiterhin Messer unter dem Logo „Tree Brand" her, aber die Kriegswirren in Europa wirkten sich auch auf die US-Wirtschaft aus. Die Zeiten waren schwierig, und die amerikanische Öffentlichkeit bereitete sich auf den unvermeidlichen Eintritt der Vereinigten Staaten in den Großen Krieg vor. Am 4. September 1914 stellten die Geschäftsführer von Hermann Boker & Company schließlich einen Antrag auf Konkurs. In dem Antrag erwähnte Carl F. Böker ausdrücklich, dass sein Geschäft „durch den Krieg geschädigt" worden sei. Der Konkurs gewährte Böker Zeit zur Umstrukturierung, wie im Januar 1915 im „Hardware Dealers Magazine" berichtet wurde:

Das große und wichtige Unternehmen, das Hermann Boker & Co. seit so langer Zeit in New York City betrieben hat, wurde umstrukturiert und unter dem Namen Boker Cutlery and Hardware Co., Inc. eingetragen. Die vorübergehenden Geschäftsprobleme eines traditionellen und führenden Hauses, die allein durch den Großen Krieg verursacht wurden, konnten so zur Zufriedenheit vieler Kunden und anderer Geschäftsfreunde gelöst werden. Die Verbindlichkeiten des Traditionsunternehmens wurden bis auf den letzten Cent beglichen. Der nachfolgende Konzern baut seine Geschäftstätigkeit auf einer gesunden finanziellen Grundlage auf. Das Gefühl der unserem Unternehmen entgegengebrachten Verbundenheit lässt uns mit Zuversicht und Optimismus in die Zukunft blicken. Die Vorstandsmitglieder der neuen Gesellschaft sind eine Garantie für Fairness und Erfolg: Präsident Carl F. Böker; Vizepräsident und Schatzmeister H. R. Böker; Direktor für Schneid- und Eisenwaren Edward Grafmueller.

Der begeisterte Bericht über die Umstrukturierung geht noch weiter; auch mit guten Nachrichten für die Marke Valley Forge:

Die Valley Forge Cutlery Co, Newark, New Jersey, die eng mit dem Boker-Konzern verbunden ist, hat ebenfalls einen vollständigen Vergleich mit ihren Gläu-

Rechte Seite oben: Ein amerikanisches Valley Forge „Swell Center Balloon" aus den 1920er Jahren.

Rechte Seite unten: Ein in Deutschland hergestelltes „Jumbo-Sleeveboard Whittler" mit Ebenholzgriffen aus den 1930er Jahren.

bigern abgeschlossen, und die Umstrukturierung erfolgte ebenso auf einer soliden und sicheren Grundlage. Das Werk in Newark wurde auf dem neuesten Stand gehalten, und die Herstellung der amerikanischen Tree-Brand-Klappmesser sowie das gesamte Sortiment der Valley Forge Cutlery wurde ohne Unterbrechung fortgesetzt. Eine Reihe von Verbesserungen befinden sich im Entwicklungsprozess, und eine neue Marktpolitik wurde eingeführt. Die Produkte dieser Fabrik werden wie gehabt von den Verkäufern der Boker Co. vertrieben.

1916 trat Carl F. Böker als Präsident von H. Boker & Company zurück, um die Leitung der Cyclops Steel Company in Titusville, Pennsylvania, anzutreten. John R. Boker ersetzte ihn in der Rolle des Präsidenten. Boker übernahm das Unternehmen Cyclops Steel von Charles Burgess, der das Unternehmen 1884 gegründet hatte und sich nun kurz vor dem Ruhestand befand. Durch Bokers Investition gelang es der Cyclops Steel Company, ihre Größe in den nächsten Jahren mehr als zu verdoppeln.

Der Große Krieg endete offiziell, als Deutschland im November 1918 den Waffenstillstand unterzeichnete. Die kriegsmüde Welt stieß einen kollektiven Seufzer der Erleichterung aus. Das Schneidwarengeschäft wurde für H. Boker & Company jedoch nicht einfacher. Die Herstellung von Messern war in den frühen 1900er Jahren noch ein arbeitsintensiver Prozess. Die Messerschmiede machten für gewöhnlich eine begrenzte Zahl von Messertypen, mit denen sie vertraut waren und in deren Herstellung sie sehr erfahren waren. Um 1915 stellte Boker einen Messerschmied namens Carl W. Tillmans für die Messerfabrik in Newark ein. Dieser wechselte 1919 zu Remington, zusammen mit einem langjährigen Boker-Mitarbeiter namens A. H. Willey und weiteren Mitarbeitern. Remington nutzte diese erfahrenen Messerschmiede, um eine neue Schneidwarenfertigung in Bridgeport, Connecticut, in Betrieb zu nehmen.

Zusammen mit diesen altgedienten Mitarbeitern wanderten auch viele Böker-Messermodelle zur Konkurrenz. Viele frühe Remington-Messer scheinen exakte Kopien der Böker-Modelle von damals zu sein. Remington ist heute bekannt für die Verwendung des „Eichelschildes", das Re-

TREE BRAND
H.BOKER & CO

Rechte Seite oben: Ein in Deutschland hergestelltes „Sleeveboard Whittler" (mit einer ersetzten Federklinge), mit Horngriffschalen aus den 1920er Jahren. Es gab nur wenige Modelle von Böker, die ein Eichelschild auf dem Griff trugen.

Rechte Seite unten: Ein in Deutschland gefertigtes „Jumbo-Sleeveboard Whittler" und darunter ein ebenfalls in Solingen hergestelltes „Jumbo-Sleeveboard Stock Knife", 1930er Jahre.

mington ab den 1920er Jahren verwendete. Allerdings kam das Eichelschild bereits 1905 bei Böker zum Einsatz. Böker fertigte ein einzigartiges Zweieinhalb-Zoll-Whittler-Modell (8,9 cm) mit Eichelschild, das von 1905 bis mindestens 1928 häufig in Katalogen erschien. Die Hauptklinge war eine Clip-Point-Klinge mit einer speziellen „Blutrille", die fast über die gesamte Länge der Klinge verlief. Die einzigartige Rille war ein wichtiges Wiedererkennungsmerkmal, das zusammen mit dem Eichelschild über C. W. Tillmans den Weg zu den Remington-Messern fand. Bei den Zusatzklingen handelte es sich um Federklingen. Das Messer war mit Messingplatinen und Neusilberbacken ausgestattet.

Böker stellte drei Modelle her: das Modell 6371 mit Hirschhorn-Griffschalen, das Modell 6371B mit Büffelhorngriff und Modell 6774 mit Perlmuttbeschalung. Böker besaß natürlich nicht die exklusiven Rechte für die Verwendung des Eichelschildes, noch für die dafür verwendeten Messermodelle. Wahrscheinlich wurden diese Modelle von anderen Messerherstellern entlehnt, ebenso wie die symbolischen Eicheln, die schon an den Griffen deutscher Jagdmesser aus dem vorigen Jahrhundert zu finden sind. Die Eicheln waren ein Symbol für Wachstum und Stärke. Dieses gleiche Symbol war sowohl für Remington als auch für Böker nach dem Ersten Weltkrieg durchaus angemessen.

1921 traten bei der H. Boker & Co. wichtige Ereignisse ein. Zuerst verkündete man im Januar die Eröffnung einer neuen Schneidwarenfabrik in Hilton (später Maplewood), New Jersey. Die moderne dreistöckige Anlage war fast 5600 Quadratmeter groß und befand sich auf einem drei Hektar großen Grundstück in der Nähe der Rahway-Valley-Eisenbahn. Das Werk erzeugte seinen eigenen Strom und bestand aus einem Lagerhaus, einer Schmiede und einem Produktionsgebäude.

Man verkündete stolz, dass die Boker Cutlery & Hardware Co., Inc. mit Wirkung zum 1. Oktober 1921 mit H. Boker & Co., Inc. fusionieren würde, um so alle durch den Konkurs im Jahr 1914 getrennten Bereiche von Hermann Boker & Company wieder unter einem Namen zusammenzufüh-

STOCK KNIFE

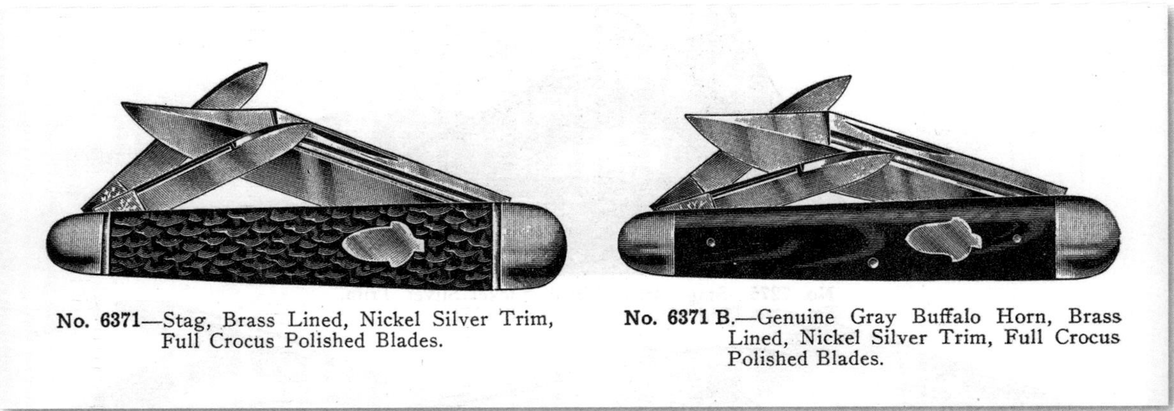

Oben: Eine Katalogabbildung aus dem Jahr 1928 zeigt zwei Varianten des Sleeveboard-Whittlers mit Eichelschild.

Rechte Seite oben: Amerikanisches 2-Klingen-Taschenmesser mit Knochengriff aus den 1920er bis 1930er Jahren.

Rechte Seite unten: In USA gefertigtes 2-Klingen-Messer mit Knochengriff aus den 1920er Jahren.

ren. John R. Boker und Edward Grafmueller standen an der Spitze des neu fusionierten Unternehmens. Der Status der Valley Forge Cutlery Company blieb unverändert, da sie zu 100 Prozent der Firma Hermann Boker & Company gehörte.

Böker-Messer genossen hohes Ansehen für Qualitätsstähle, außergewöhnliche Formen und hochwertige Verarbeitung. Bei den in den frühen 1900er Jahren hergestellten Messer verwendete man für die Griffe vor allem Hirschhorn, Jigged Bone (Rinderknochen), Büffelhorn, Perlmutt sowie künstliche Materialien wie Pyralin und Zelluloid. In den USA hergestellte Messer und deutsche Importe wurden in den Katalogen der damaligen Zeit meist als solche gekennzeichnet. Ein Weg, um die aus Deutschland importierten Böker-Messer heute zu identifizieren, ist die Klingenätzung. Solingen setzte eine sogenannte „Frost Etching“-Methode ein, bei der die Klinge großflächig matt geätzt wurde. Vor diesem Hintergrund tritt die Beschriftung glänzend hervor. Diese Methode kam in den Vereinigten Staaten nicht zum Einsatz.

Auf der anderen Seite des Atlantiks, am Geburtsort des Baumzeichens, geschah etwas Trauriges: Einige mögen dieses Ereignis sogar als Symbol für die stürmischen Jahrzehnte betrachten, die Böker in den frühen 1900er Jahren erlebte. Bei einem heftigen Gewitter im Jahr 1925 wurde der berühmte Kastanienbaum vor dem Werk in Remscheid, der die Ins-

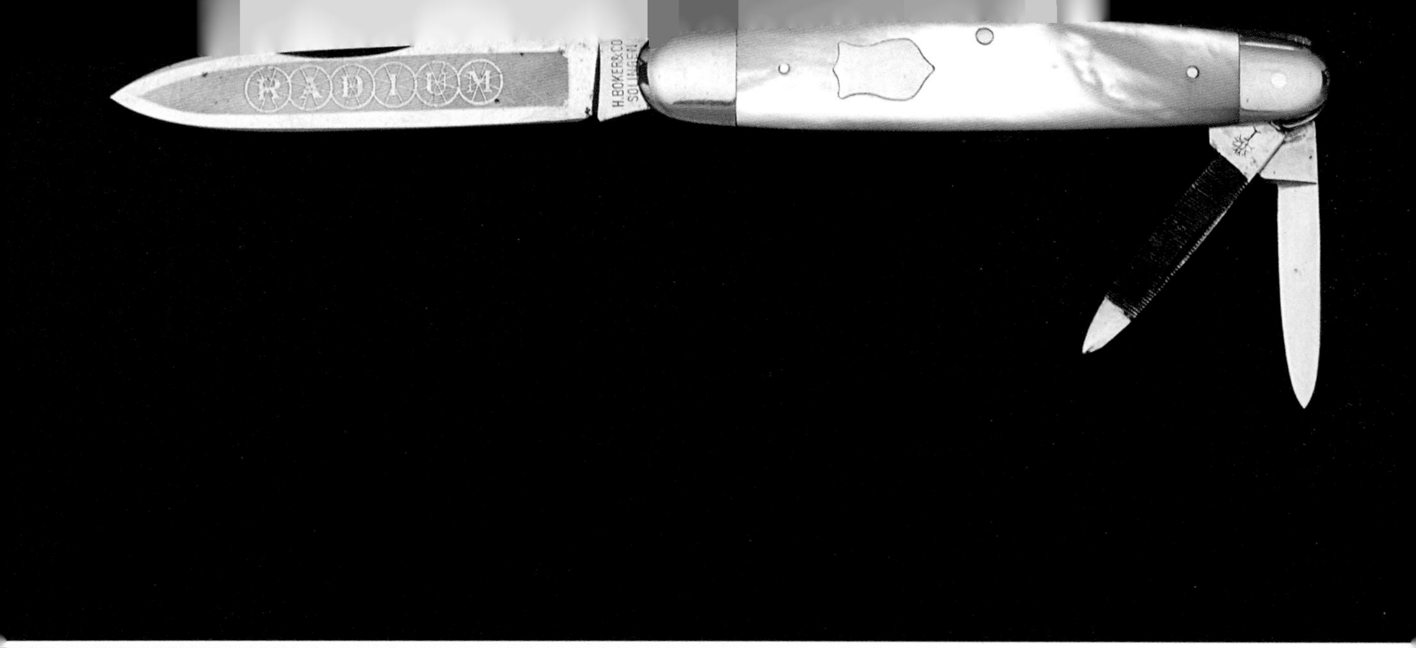

TREE BRAND
7399¾
H.BOKER&CO
SOLINGEN

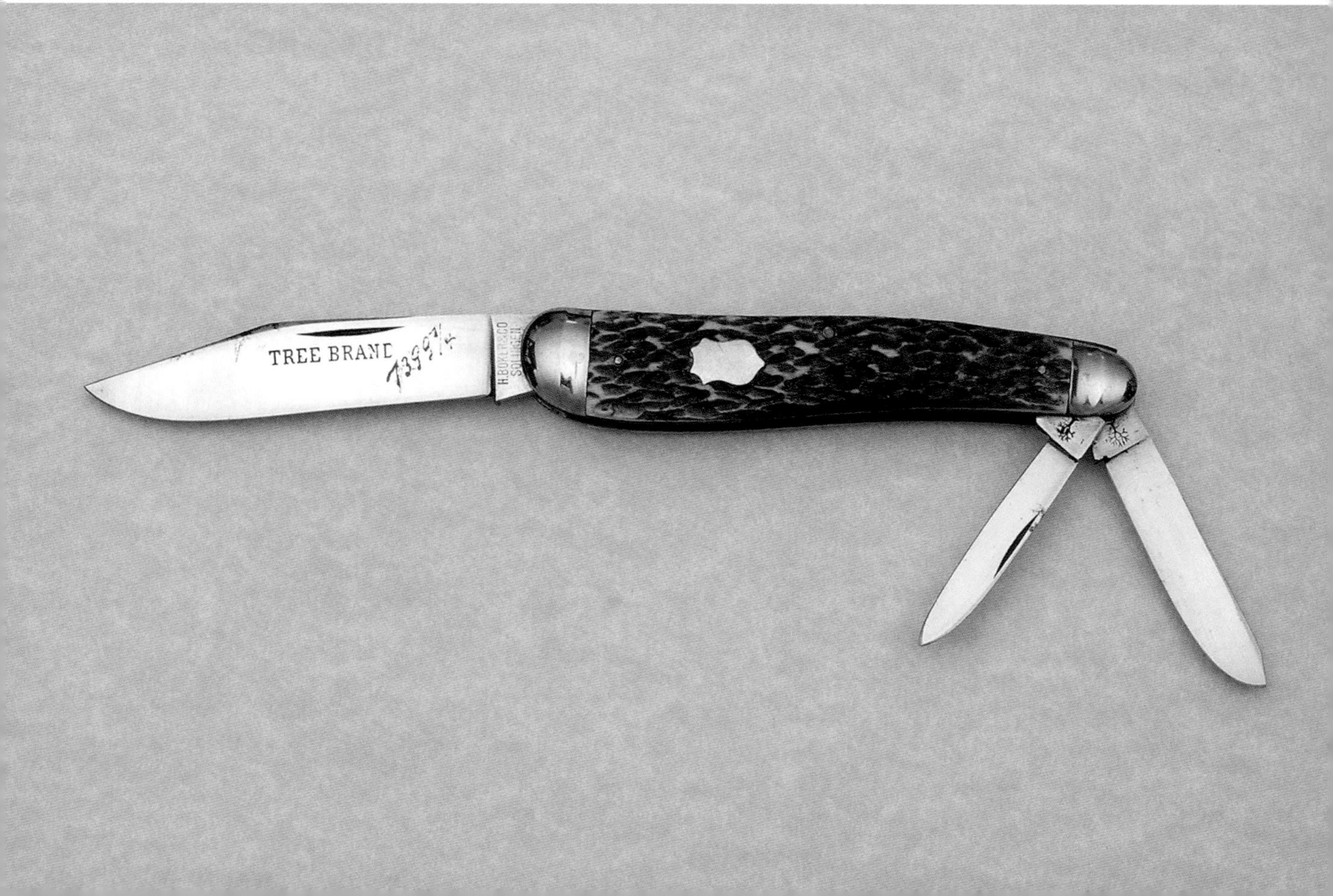

piration für das Böker-Markenzeichen war, vom Blitz getroffen. Der 100 Jahre alte Baum war tot. Ein Künstler nahm ein großes Stück Holz aus dem Stamm und schnitzte eine schöne Replik dieses historischen Kastanienbaums. Dieses geliebte Stück Geschichte zierte fortan das Büro von Ernst Felix-Dalichow, der viele Jahre lang Chef des Böker Baumwerks war.

Dem Metallurgen Harry Brearly wird die Entwicklung von rostfreiem Stahl zugeschrieben. Er entdeckte die Legierung tatsächlich aus Versehen: 1912 experimentierte er mit chromhaltigen Stählen, um einen Weg zu finden, Gewehrläufe vor Korrosion zu schützen. Schnell erkannte er die wirtschaftliche Bedeutung des entstandenen Materials. 1913 fertigte er die ersten Messer aus rostfreiem Stahl. Dieses erste Produkt aus nichtrostendem Stahl war nicht perfekt, aber die Arbeiter des Krupp-Hüttenwerks entdeckten im folgenden Jahr die Vorteile der Zugabe von Nickel zu nichtrostendem Stahl. Das führte zu einem rostfreien Stahl, der zäher und säurebeständiger war.

Böker begann in den 1920er Jahren mit der Verwendung von Messerklingen aus rostfreiem Stahl. Auf den meisten rostfreien Klingen der 1920er Jahre verwendete Böker eine Prägung mit einem speziellen Böker-Schriftzug. 1928 wurden 16 verschiedene Messermodelle, die in Amerika aus rostfreiem Stahl hergestellt wurden, in einem Katalog von H. Boker & Company abgebildet. Hermann Boker & Co. profitierte weiterhin von den Vorteilen der Messerherstellung in den USA und dem Import vieler feiner Messermodelle aus Solingen. Leider zogen die düsteren Wolken des Krieges erneut auf und verdunkelten den Horizont.

1933 wurde Adolf Hitler zum deutschen Reichskanzler ernannt. Wieder einmal wurde ein Funke entzündet, und die Lunte, die zum Krieg führte, hatte Feuer gefangen. In den 1930er Jahren entstand in den Vereinigten Staaten die Befürchtung, dass die USA wieder in einen Krieg in Europa verwickelt werden könnten. Der Kongress reagierte in den 1930er Jahren mit einer Reihe von „Neutralitätsgesetzen“, die den Handel mit den sich

Linke Seite oben: Ein in Solingen hergestelltes „Sleeveboard-Whittler“ mit Perlmutt-Griffschalen und einer seltenen „Radium“-Klingenätzung aus den 1930er Jahren.

Linke Seite unten: Ein in Deutschland gefertigtes Whittler mit einem „Tree Brand“-Stempel auf der Hauptklinge, 1930er Jahre.

Rechte Seite: Drei in Amerika produzierte Klappmesser aus den 1930er Jahren. Ganz links ist ein Whittler mit symmetrischem Griff und Knochenschalen abgebildet. Das Messer in der Mitte ist ein 2-Klingen-Trapper mit Knochengriff. Das Messer ganz rechts ist ein Jack-Knife mit einer zusätzlichen Schaffußklinge und Knochengriff.

im Krieg befindlichen Nationen einschränkten. So wurde erneut ein Keil zwischen Hermann Boker & Co. in den USA und Heinr. Böker & Co. in Solingen getrieben.

Irgendwann zur gleichen Zeit begannen die Messerkataloge in den USA die Beschriftungen auf den Böker-Messern zu entfernen. Die von Böker in Deutschland und den USA gemeinsam verwendete Stempelung „H. Boker & Co's Improved Cutlery" war in den USA nicht mehr zu sehen. An ihrer Stelle befand sich eine Prägung, die einfach „Boker" lautete. Sie wurde ab der Mitte der 1930er Jahre bis zum Beginn des Zweiten Weltkriegs verwendet. Während des Zweiten Weltkriegs zeigten abgebildete Messer in den meisten amerikanischen Katalogen keine solche Prägung auf dem Ricasso. Darüber hinaus bildeten sie eine Klingenätzung ab, die einfach „Boker" lautete. Seltsamerweise hat jedoch weder Hermann Boker & Co. in den USA noch Heinr. Böker & Co. in Solingen jemals diese Klingenätzung verwendet. Es wurde viel darüber diskutiert, wann die Kennzeichnung „Boker USA" zum ersten Mal erschien. Diese Stempelung ist bereits in einem Katalog von 1941 zu finden. Sie wurde bis 1983, als die amerikanische Messerproduktion eingestellt wurde, unverändert auf in den USA hergestellten Böker-Messern verwendet.

Die ersten 40 Jahre des 20. Jahrhunderts waren für Böker und für die Schneidwarenindustrie insgesamt schwierig. Trotz der Zölle, der politischen Unsicherheit und der wirtschaftlichen Not gewann Boker USA jedoch an Stärke. Die in dieser Zeit hergestellten Messer gehören für heutige Sammler zu den begehrtesten. Im Katalog von 1928 bestätigte Boker, dass der Erfolg auf die Einhaltung eines Prinzips zurückzuführen sei:

„Dieses Prinzip ist einfach die Überzeugung, die dieses Haus vom ersten Moment an vertritt, dass der Handel und die Öffentlichkeit die Gewissheit haben wollen, verlässliche Qualität und den vollen Wert einer Ware zu bekommen. Das Bestreben des Hauses Boker war es schon immer, diesen Anspruch zu erfüllen und mit den besten Materialien und dem besten Fertigungswissen die besten Waren herzustellen."

BOKER
SOLINGEN
H.BOKER&CO
SOLINGEN

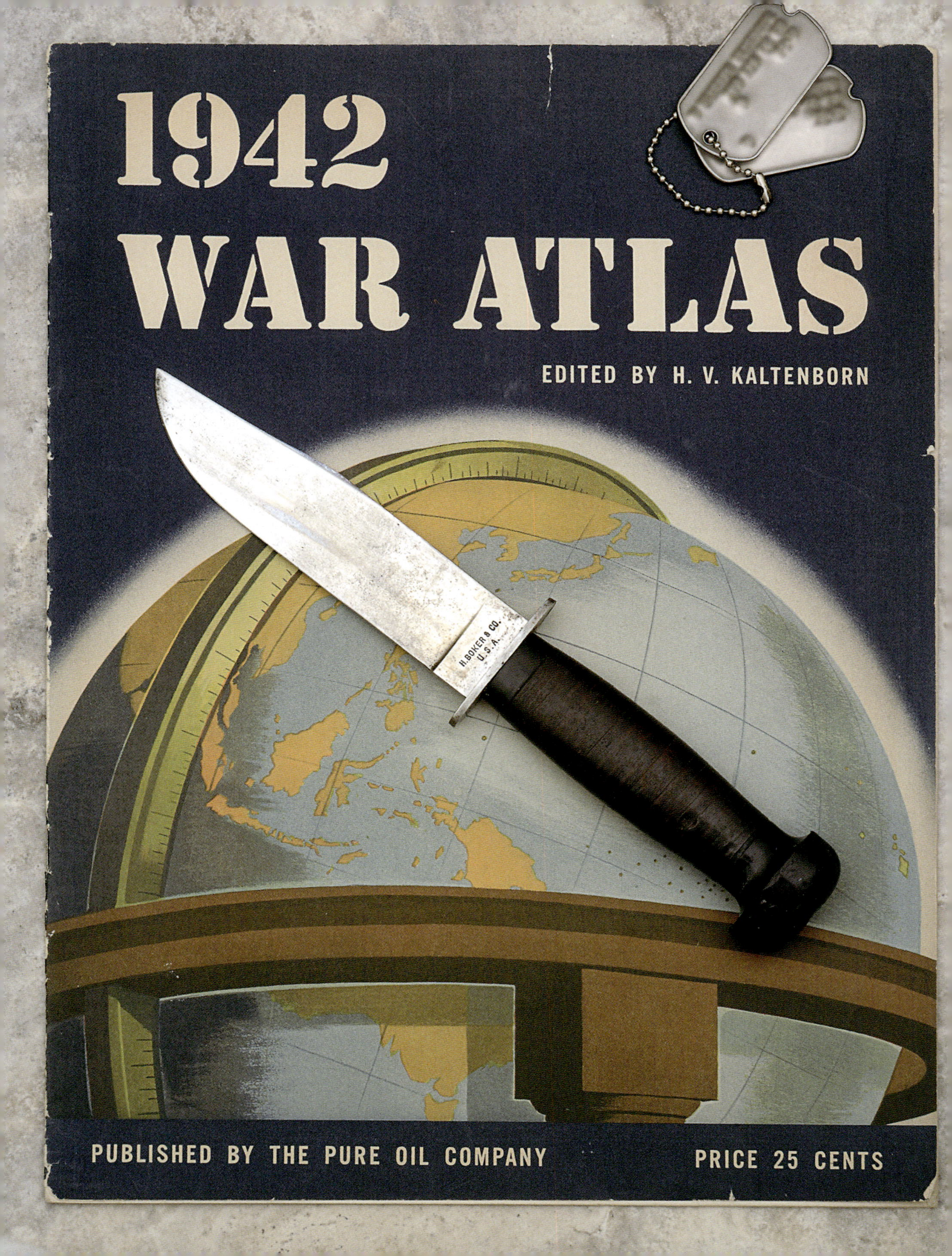

1942 WAR ATLAS

EDITED BY H. V. KALTENBORN

H. BOKER & CO.
U.S.A.

PUBLISHED BY THE PURE OIL COMPANY

PRICE 25 CENTS

Zweiter Weltkrieg und Aufschwung

1941–1964

Während der Name Böker und das berühmte Tree-Brand-Logo sich weltweiter Bekanntheit erfreuten, waren die verschiedenen Niederlassungen aufgrund enger familiärer Bindungen weiterhin lose miteinander verknüpft. Die Nachkommen von „Roberto" Böker in Mexiko zum Beispiel sahen sich selbst als Teil der deutschen Unternehmerschaft an, obwohl „Casa Boker" bereits seit fast 100 Jahren in Mexiko-Stadt präsent war.

Diese Familienbande wurden zuerst auf die Probe gestellt und dann in den Jahren des Zweiten Weltkriegs zerrissen. Die Regierung der Vereinigten Staaten hatte Produkte auf die schwarze Liste gesetzt, die sowohl vom deutschen als auch vom mexikanischen Zweig der Familie Böker importiert wurden. Hermann Boker & Company in den Vereinigten Staaten produzierte M3-Kampfmesser für die US-Armee, während die Firma Heinrich Böker in Solingen Messer für deutsche Soldaten herstellte.

Im November 1944, als die alliierten Streitkräfte den letzten Vorstoß gegen Berlin begannen, wurden viele Städte angegriffen. Die größten Zerstörungen in Solingen ereigneten sich in einem Zeitraum von zwei Tagen: vom 4. bis 5. November. Am 4. November warfen amerikanische und britische Bomber fast 5000 Tonnen Bomben über der Stadt ab. Die zweite Attacke folgte am nächsten Tag: In einem 26-minütigen Angriff ließen britische Bomber noch einmal 783 Tonnen Sprengbomben auf Solingen herabregnen und zerstörten diesmal das dicht besiedelte Stadtzentrum. Insgesamt 1200 Brände wüteten, und die Stadt lag in Trüm-

Ein Kalender aus dem Jahr 1944, der die Kriegsanstrengungen unterstützte.

mern. Die Böker-Fabrik in Solingen wurde komplett zerstört. Alles war verloren. Ein britischer Radiosender berichtete:

Es wird verkündet, dass Solingen, das Herz der deutschen Stahlwarenindustrie, eine tote Stadt ist.

Auch wenn es im Vergleich zum Verlust vieler Leben unbedeutend scheint, so verlor der deutsche Zweig der Familie Böker doch eine Ikone, die für den Schneidwarenhersteller ein unermesslicher Schatz war. Die Regierung der USA konfiszierte derweil die Marke Tree Brand, die seit langem ein Symbol für Qualitätsmesser gewesen war – egal ob sie in Solingen oder in den Vereinigten Staaten hergestellt wurden. Erst 1947 bekam John R. Boker Jr. das Markenzeichen für Boker USA zurück.

John Robert Boker, Junior (1913-2003)

John Boker wurde 1913 in New York City geboren und schloss 1933 als Mitglied der Ehrengesellschaft Phi Beta Kappa sein Studium an der Yale-Universität ab. Er heiratete Polly Ann Lupie, mit der er zwei Töchter zur Welt brachte: Pamela und Joan. Als die Vereinigten Staaten in den Zweiten Weltkrieg eintraten, ging John Boker, wie viele junge Amerikaner, zur Armee. Im Mai 1941 wurde er zum Leutnant ernannt. Bis Oktober 1943 war er als Ausbilder an der Infanterieschule tätig, danach wurde er in das „Military Intelligence Training Center“ versetzt, wo er bis Juni 1944 die deutsche Sektion ausbildete.

Anschließend arbeitete er mit dem „British Army Strategic Interrogation Office“ bei London zusammen. Während der letzten Tage des Zweiten Weltkriegs bildete Major Boker eine unabhängige Einheit, um die Befragung von Geheimdienstmitarbeitern der deutschen Luftwaffe durchzuführen, die sich dem US Third Army Corps ergeben hatten. Major Boker gehörte zu den ersten, die den potenziellen Wert der deutschen Geheimdienstmitarbeiter in der Nachkriegszeit erkannten. Seine Arbeit bestand

POCKET KNIVES
BOKER TREE BRAND

Length Closed 4 Inches
One large blade; glazed; steel lining and bolster. Cocobolo handle.
No. 9215—Wt. per dozen 3 lbs. ....Per dozen $27.00

Length Closed 5⅛ Inches
Two heavy gauge, hand polished, 1 clip and 1 large skinning blade. Brass linings; nickel silver bolsters. Genuine bone stag handle.
No. 2020—Wt. per dozen 4¾ lbs. ..Per dozen $54.00

Length Closed 4⅛ Inches
Two blades; 1 large spear and 1 pen; both mirror polished; brass linings; nickel silver trim; genuine bone stag handle.
No. 9815—Wt. per dozen 3 lbs. ....Per dozen $36.00

Length Closed 4-3/16 Inches
Two blades; 1 large spear and 1 pen; both mirror polished; brass linings; nickel silver trim; genuine bone stag handle.
No. 9471—Wt. per dozen 2¾ lbs. ..Per dozen $36.00
All above, one-half dozen in a box.

POCKET KNIVES
BOKER TREE BRAND

Length Closed 3⅝ Inches
Two blades; 1 large spear and 1 pen, both mirror polished; brass linings; nickel silver trim; genuine bone stag handle.
No. 8842—Wt. per dozen 2 lbs. ....Per dozen $27.00
One-half dozen in a box.

Length Closed 4 Inches
Two blades; 1 large clip and 1 pen, both mirror polished; brass lining, nickel silver trim, plastic imitation stag handle.
No. 9368—Wt. per dozen 2 lbs. ....Per dozen $27.00
One-half dozen in a box.

Length Closed 3½ Inches
Two blades; 1 large clip and 1 pen, both mirror polished; brass linings, nickel silver trim; genuine bone stag handle.
No. 8122—Wt. per dozen 1½ lbs. ..Per dozen $27.00
One-half dozen in a box.

Length Closed 3-5/16 Inches
Two blades; 1 large clip and 1 pen, both mirror polished; brass linings; nickel silver trim; brown genuine bone stag handle.
No. 8348—Wt. per dozen 1⅜ lbs. ..Per dozen $24.00
One-half dozen in a box.

POCKET KNIVES
BOKER TREE BRAND

Length Closed 2⅞ Inches
Two blades; 1 large sabre clip and 1 pen; both mirror polished; brass linings; nickel silver trim; genuine bone stag handle.
No. 9908—Wt. per dozen 1 lb. .....Per dozen $24.00

Length Closed 2¾ Inches
Two blades; 1 pen and 1 clip; brass linings; nickel silver trim. Genuine bone stag handle.
No. 8248—Wt. per dozen ⅞ lb. ....Per dozen $24.00

Length Closed 3-5/16 Inches
Two blades both mirror polished; brass linings; nickel silver trim; genuine bone stag handle.
Per dozen
No. 9695—One pen and one spear blade $24.00
No. 9696—One pen and one clip blade 24.00
No. 9697—One pen and one sheepfoot blade 24.00
Weight per dozen 1⅝ pounds.

Length Closed 3-1/16 Inches
Two blades; 1 spear and 1 pen, both mirror polished; brass linings; nickel silver trim; genuine bone stag handle.
No. 9023—Wt. per dozen 1⅛ lbs. ..Per dozen $24.00
All above, one-half dozen in a box.

Eine Verkaufsanzeige von 1952 zeigt, dass Boker USA nach dem Krieg mit einer kompletten Schneidwaren-Produktlinie wieder im Geschäft ist.

Eine Katalogabbildung aus dem Jahr 1956 zeigt eine Vielzahl von Modellen, einschließlich eines Klappmessers des Typs Washington mit echten Knochengriffschalen.

darin, Informationen über die Sowjetunion von hochrangigen deutschen Offizieren zu sammeln, die sich den USA ergeben hatten. Von den deutschen Gefangenen konnte er viele Informationen über das russische Militär sammeln. Seine Arbeit ersparte dem amerikanischen Geheimdienst jahrelange Arbeit, da er diesem eine fertige Informationsdatenbank lieferte, aus der in den ersten Jahren des Kalten Kriegs wichtige Informationen gewonnen werden konnten.

Ironischerweise behielt man John R. Boker Jr. nach seinem Tod im Jahr 2003 nicht in erster Linie wegen seiner Geheimdienstarbeit oder seiner Zeit bei Boker USA in Erinnerung, sondern wegen seiner umfangreichen und erlesenen Briefmarkensammlung. John Boker war ein versierter Philatelist, der seit seinem zehnten Lebensjahr Briefmarken sammelte.

Er verließ die Armee 1946 und kehrte in den familieneigenen Schneidwarenbetrieb zurück. Im Mai 1947 forderte er das Eigentum an der Marke Tee Brand für Boker USA zurück. Kurz nach dem Krieg wurden die Solin-

Ein Washington-Taschenmesser-Modell mit echten Knochenschalen aus den frühen 1960er Jahren. Mitte der 1960er erschienen diese Modelle in einer synthetischen Griffbeschalung, genannt „Improved Stag" (verbessertes Hirschhorn).

Rechte Seite oben: Drei klassische Beispiele aus dem Vatertags-Set von 1963.

Rechte Seite unten: Ein „Barehead"-Modell Nr. 610 (nur obere Backen) mit Griffschalen aus Knochen, Mitte der 1960er Jahre.

ger Messerwerke wiederaufgebaut. Die erfahrenen Messerschmiede, die den Krieg überlebt hatten, halfen beim Wiederaufbau des Gebäudes sowie bei der Herstellung von Werkzeugen. Nach und nach erlangte das Werk Solingen den bisherigen hohen Qualitätsstandard zurück, für den es vor dem Krieg bekannt war.

Boker USA nahm die Geschäfts- und Familienkontakte mit Solingen erneut auf und erteilte dem deutschen Werk wieder Aufträge. Innerhalb weniger Jahre wurde H. Boker & Company in New York erneut zum Hauptvertriebspartner für Böker-Messer aus Solingen. Modelle wie das 7588 oder 7474 waren bei den Böker-Fans im ganzen Land erneut sehr gefragt. Das sehr begehrte Campingmessermodell 182 wurde ebenfalls von Outdoorfans und Jägern in den gesamten Vereinigten Staaten gut angenommen.

In den frühen 1950er Jahren eröffnete eine große Werbekampagne weltweite Märkte und stellte Boker USA ironischerweise mit der Solinger Firma in Konkurrenz, von der Boker Markenrechte innehatte. Die Messer, die von Boker USA in dieser Zeit hergestellt wurden, verwendeten nicht das Tree-Brand-Markenzeichen, sondern eine Vielzahl von Schildern auf den Griffen. Die Klingen der Messer von Boker USA waren hochglanzpoliert und hatten eine einfache Säureätzung, auf der entweder „Boker“ oder „Tree Brand“ stand. Die Angelprägung lautete „Boker“ und darunter stand „USA“.

Das in den frühen 1950er Jahren verwendete Knochenmaterial war wunderschön gefräst und hatte eine gleichmäßige Karamellfarbe. Es gab auch Messer mit Hirschhorngriffen, „Perlmutt“-Pyralin und einem Hirschhorn-Imitat, das aus Nylon (Polyamid) hergestellt wurde. Dieses Material wurde bis in die 1960er Jahre bei preiswerten Messern verwendet.

Um Boker USA von seinen deutschen Wurzeln zu trennen, wurde der Begriff „Tree Brand“ nur wenig gebraucht. Stattdessen setzte die damalige Werbung auf die Begriffe „Razor Steel“ (Rasiermesser-Stahl) und „Razor

TREE BRAND
240
BOKER
TREE BRAND
BOKER U.S.A.
TREE BRAND
BOKER U.S.A.
TREEBRAND·ARBOLITO·BÖKER·TREE
610

Brand“. Jedoch begann Boker bereits 1950 erneut, in Solingen gefertigte Messer in die USA zu importieren. In den damaligen Messerkatalogen waren sie getrennt von den in Amerika hergestellten Böker-Messern gelistet. Die deutschen Importe waren leicht an den runden Baumzeichen-Schildern auf den Griffen zu erkennen. Sie zeigten sehr häufig die großflächige matte Klingenätzung, die wir auch heute noch auf den Solinger Böker-Messern sehen.

1960 nutzte Boker USA das alte traditionelle Federal-Schild praktisch nicht mehr und entschied sich für das runde Schild, wie es auf den Solinger Importen zu sehen war. Der Unterschied zwischen den beiden Böker-Messerversionen waren jetzt die Prägung auf dem Ricasso sowie eine geringe Größendifferenz des Schildes. Boker USA fertigte Schilder mit Durchmessern von 6,35 und 9,53 Millimetern (1/4 Zoll und 3/8 Zoll), während die Schilder der deutschen Böker-Messer Durchmesser von 6, 8 und 9 Millimetern hatten.

Boker erwarb 1956 die George Schrade Knife Company in Bridgeport, Connecticut. Der Zeitpunkt dieser Entscheidung sollte sich aber als ziemlich ungünstig erweisen. 1957 wurde in den US-Senat ein Gesetzesentwurf eingebracht, der den Besitz von Springmessern einschränken sollte. In den 1950er Jahren wimmelte es nur so von Filmen, in denen Springmesser von zwielichtigen Gestalten verwendet wurden. Nachdem dieser Gesetzesentwurf endgültig scheiterte, wurde im folgenden Jahr ein neues Gesetz verabschiedet: Der „Switchblade Knife Act“ von 1958 erklärte die Presto-Messerserie von Schrade für illegal. Daraufhin war es für Boker nicht mehr allzu sinnvoll, die Produktionsstätte von George Schrade aufrechtzuerhalten. Die Anlage wurde 1958 geschlossen.

Die Boker-Manufaktur in Maplewood, New Jersey, setzte jedoch ihren Betrieb fort. Neben der Herstellung von Schneidwaren der Marke Boker USA wurden auch Messer für das Unternehmen Belknap Hardware hergestellt. Sie wurden unter der Marke „John Primble“ verkauft. Diese Messer wurden nach beliebten Böker-Modellen gefertigt und verwende-

Vorderseite und Rückseite einer Verkaufsbroschüre aus dem Jahr 1958.

ten die traditionellen Griffschilder aus der Vorkriegszeit. Die John-Primble-Messer, die von Boker in dieser Zeit produziert wurden, sind durch einen kleinen Stern gekennzeichnet, der unterhalb der Musternummer auf der Rückseite der Angel angebracht ist.

Die Zukunft von Boker USA sah in den frühen 1960er Jahren gut aus. Die Messer, die von 1961 bis 1963 in der Fabrik in Maplewood, New Jersey, hergestellt wurden, konkurrierten mit der Qualität der Messer aus der

Rechte Seite oben: Ein Zwei-Klingen-Modell der 1950er Jahre mit einem Flaschenöffner/ Schraubendreher als zweite Klinge.

Rechte Seite unten: Ein Seemannsmesser mit Knochenbeschalung und einem klappbaren Marlspieker.

Vorkriegszeit. Doch schon zog ein weiterer Sturm am Horizont auf: Die Amerikaner verlangten nach preiswerten Messern. Die amerikanischen Messerproduzenten mussten die Kosten senken. Eine Antwort auf dieses Problem war Delrin.

In den späten 1950er und frühen 1960er Jahren experimentierten viele Messerhersteller mit Kunststoffen, die natürliche Materialien wie Knochen und Hirschhorn ersetzen sollten. Zelluloid war seit Jahren eine beliebte, farbenprächtige und preiswerte Option. Jedoch neigten Messergriffe aus Zelluloid zur Selbstzerstörung, insbesondere wenn sie Hitze oder aggressiven Chemikalien ausgesetzt waren. Eine neue Option war Acetalharz. Viele Chemieunternehmen entwickelten ihre eigenen Versionen von Acetalharz mit unterschiedlichen Handelsnamen.

1960 stellte DuPont den Bau einer Anlage fertig, die zur Herstellung einer eigenen Acetalharz-Version namens Delrin diente und sich in Parkersburg, West Virginia, befand. In den 1960er Jahren schoss der Einsatz von Acetalharz in der Schneidwarenindustrie in die Höhe. Boker USA begann Anfang der 1960er Jahre ebenfalls damit, Delrin als robustes Griffmaterial zu verwenden. Bis 1964 wurden mehr als die Hälfte der im Katalog von Boker aufgeführten Messer mit Delrin-Griffen angeboten. In der Katalogbeschreibung bezeichnete man dieses neue Material für die Griffbeschalung als „Improved Stag“, verbessertes Hirschhorn. Delrin wurde verstärkt eingesetzt und war bis in die 1980er Jahre das wichtigste Griffmaterial für Böker-Taschenmesser in Amerika und Deutschland.

Im Allgemeinen hatte das von Boker USA verwendete Delrin eine hellere Farbe als das Delrin, das in Solingen zum Einsatz kam. Die in Deutschland verwendeten Griffschalen aus Acetalharz waren dunkel – beinahe schwarz. Die in Amerika eingesetzten Delrin-Griffe hatten ein Aussehen, das sehr stark an gefärbten und gefrästen Knochen erinnerte. Noch heute fällt es vielen Menschen schwer, die alten Böker-Messer mit Knochenbeschalung von einem Messer mit frühen Delrin-Griffen aus den 1960er Jahren zu unterscheiden.

BOKER
U.S.A.
PRESS DOWN

BOKER LIMITED EDITION KNIFE
APPALACHIAN TRAIL
APPALACHIAN TRAIL
200 LTD.
BÖKER SOLINGEN GERMANY
2846
L. Nipissing
Ottawa R.
Montreal
St. Lawrence R.
ADIRONDACK MTS.
MOUNTAINS
Toronto
L. ONTARIO
APPALACHIAN
CATSKILL MTS.
Hudson R.
Hartford
Delaware R.
Trenton
Philadelphia
Baltimore
Cape May
MOUNTAINS
Potomac
Washington
BLUE RIDGE
ALLEGHENY
Richmond
CHESAPEAKE BAY
C. Charles
Norfolk
Ohio
Charleston
Louisville
Ohio
MOUNTAINS
RIDGE
Cumberland R.
Cumberland Plateau
Tennessee R.
APPALACHIAN
BLUE
C. Lookout
Memphis
Little Rock
Columbia
Cape Fear
Santee R.
Cape Romain
Mississippi R.
Birmingham
Altamaha
Jackson
Chattahoochee R.
Pearl R.
New Orleans
C. San Blas
CHAFALAYA BAY
Cape Canaveral

Übernahmen und Umstrukturierungen

1965–1994

1965–1970: Die New-Britain-Ära

Die New Britain Machine Company übernahm im Jahr 1965 Boker USA und deren Beteiligungen in Maplewood, New Jersey. Der Hauptsitz von H. Boker & Company, der sich 93 Jahre lang in der Duane Street in New York befand, wurde geschlossen. Dieses Gebäude war fast ein Jahrhundert lang das Gesicht von H. Boker & Co., doch das sollte nun der Vergangenheit angehören.

Die New Britain Machine Company wurde 1887 in New Britain, Connecticut, gegründet. Das Unternehmen stellte Werkzeuge her. Im frühen 20. Jahrhundert erlebte es, zusammen mit der wachsenden Automobil-Industrie, einen schnellen Aufstieg. In den 1960er Jahren war New Britain ein vielseitiger Hersteller und für seine Gartentraktoren, Metallwerkbänke und Handwerkzeuge bekannt. Im Laufe seiner langen Geschichte verkaufte das Unternehmen Werkzeuge unter seinen eigenen Marken „New Britain" und „None Better", sowie unter den in den 1950er Jahren erworbenen Marken „Husky" und „Blackhawk".

Mit dem Kauf von Boker USA im Jahr 1965 war New Britain nun im Besitz einer der beliebtesten Messermarken. Die damaligen Boker-Messer wurden hauptsächlich mit Delrin-Griffen und Klingen aus 1075er Kohlenstoffstahl gefertigt. New Britain nutzte die Popularität der Marken Husky und Blackhawk, indem es sie auf die Boker-Messer ätzte und in den

The New Britain Machine Co.
BOKER
USA
WISS
70162
U.S.A.
WISS
BOKER
1837
1848
1974

firmeneigenen NAPA-Autoteilegeschäften verkaufte. Das Schild, das für die Messer verwendet wurde, war Bökers rundes Baumschild, ohne das ®-Symbol, das eingetragene Warenzeichen schmückt.

Am 23. Dezember 1968 wurde die New Britain Corporation zusammen mit Boker USA von Litton Industries übernommen. Charles Thornton hatte 1954 mit dem Aufbau des Konzernriesen Litton Industries begonnen. Er hatte zuerst eine Firma namens Electro Dynamics Corporation gegründet und versuchte dann unmittelbar, eine kleine Elektronikfirma zu finden, auf der er ein Imperium aufbauen konnte. Litton Industries, ein Hersteller von Vakuumröhren in der Nähe von San Francisco, schien dafür die ideale Wahl zu sein. Das einzige Problem bestand darin, die notwendigen Mittel zu beschaffen, um dem Gründer Charles Litton die Firma abkaufen zu können. Thornton nahm Geld bei Lehman Brothers auf, erwarb Litton Industries 1954 und kaufte im selben Jahr noch einige kleinere Elektronikunternehmen hinzu.

Thorntons Strategie war es, weiterhin Elektronikunternehmen mit hohem Wachstumspotenzial zu akquirieren, um Litton zu einem Unternehmen auszubauen, das jeder neuen technologischen Herausforderung gewachsen sein sollte. Litton Industries war tatsächlich eher eine Holdinggesellschaft als eine Produktionsfirma. Die Geschäftsführung mischte sich nur selten in das Tagesgeschäft der Unternehmen ein. Stattdessen ließ Thornton nach dem Erwerb eines Unternehmens den ursprünglichen Mitarbeitern so viel Freiheit wie möglich, damit sie die Geschäfte weiterführen konnten. Litton selbst widerstrebte die Definition als Konglomerat. Stattdessen benutzte er die Bezeichnung „technologisches Unternehmen“ oder bezeichnete seine Firma als branchenübergreifender Hersteller von Produkten, deren gemeinsamer Nenner ihre technologische Komplexität war.

Im März 1970 gab Litton die Firma H. Boker & Co. an den Scherenhersteller J. Wiss & Sons weiter. Als Wiss die 133 Jahre alte Boker Manufacturing Company of Maplewood erwarb, vereinten sich zwei der ältesten

Linke Seite oben: Ein Messer mit Federklinge und gefrästen Delrin-Griffschalen und seltener „The New Britain Machine Co.“-Klingenätzung aus den späten 1960er Jahren.

Linke Seite Mitte: Ein Whittler mit Delrin-Griff und einer „WISS 70162 USA“-Klingenätzung aus dem Jahr 1976.

Linke Seite unten: Ein Whittler-Modell mit synthetischen Elfenbein-Griffschalen und seltenem Böker/Wiss-Griffschild aus dem Jahr 1973.

Rechte Seite oben: Zwei limitierte Stockman-Modelle mit goldfarbenen Schildern und goldfarbener Klingen-ätzung beim kleineren Modell.

Rechte Seite unten: Das 1973 in limitierter Auflage erschienene große Congress-Modell mit Delrin-Griff und zwei roten Schildern.

und besten Schneidwarenhersteller Amerikas zu einer Partnerschaft. Wiss hielt an der Herstellung von Böker-Messern fest und verkaufte sie neben anderen aus Solingen importierten Produkten, stellte jedoch die Böker-Scherenlinie ein.

Die Böker-Kataloge von 1972 und 1976 wurden mit den gleichen traditionellen Modellen gefüllt, die seit so vielen Jahren beliebt waren. Als Materialien kamen hauptsächlich Delrin und 1075-Kohlenstoffstahl zum Einsatz. Die im Werk Maplewood produzierten Messer von Boker USA setzten sich in den Katalogen durch, aber auch in Solingen hergestellte Modelle wurden aufgeführt. Zwischen den Messern aus beiden Ländern wurde innerhalb des Katalogs klar unterschieden. Das Herkunftsland konnte anhand der Prägung auf dem Ricasso leicht bestimmt werden.

1971: Die limitierten Sonderversionen

1971 produzierte Böker eine Messer-Serie, die die Geschichte der beiden Unternehmen Wiss und Böker feierten, in limitierter Auflage. Diese Jubiläumsauflage war auf 15.000 Stück begrenzt. Obwohl das nach heutigem Standard eine große Menge ist, war es 1971 ein relativ kleines Volumen und galt als eine neue Idee.

Viele schreiben Böker die Erfindung von limitierten Sonderserien zu, die bei Sammlern heute so beliebt sind. Das Wiss/Böker-Modell aus dem Jahr 1971 wird heute von Böker-Sammlern hochgeschätzt. Die Qualität war allerdings nicht unbedingt die höchste. Das Griffmaterial war schwarzes Delrin. Das Messer wurde in Solingen produziert. Auf dem Griff war nicht nur ein, sondern es waren gleich zwei runde Schilder zu finden: Das Wiss-Schild befand sich links auf dem Griff und zeigte das Herstellungsjahr 1971. Auf der rechten Seite war das traditionelle Solinger Baumschild angebracht. Das Modell, das für die limitierte Auflage von 1971 ausgewählt wurde, war das beliebte Modell 7474 mit der Klingenätzung „Premium Stock Knife".

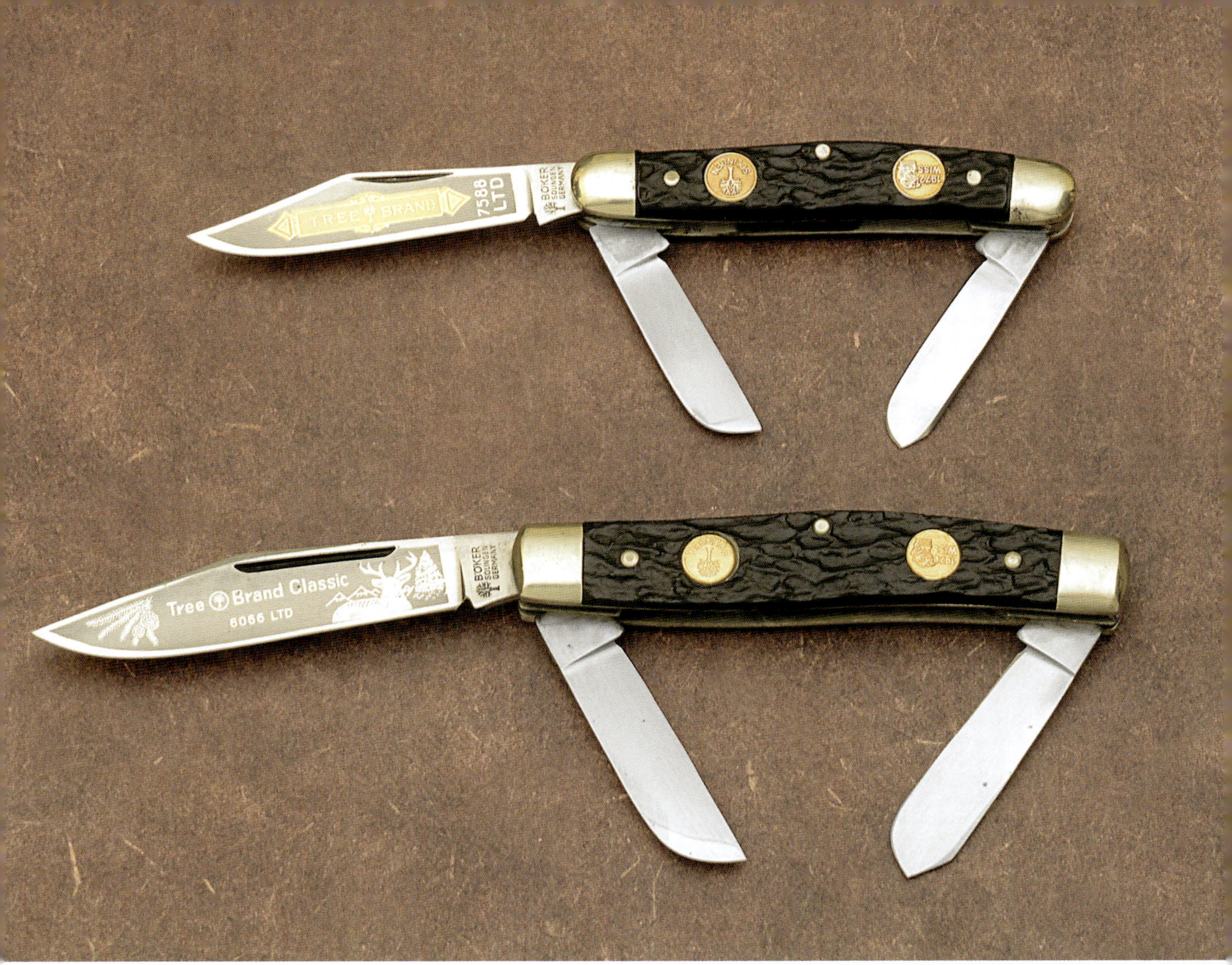
TREE BRAND
7588 LTD
BOKER
Tree Brand Classic
6066 LTD
BOKER
SOLINGEN
GERMANY

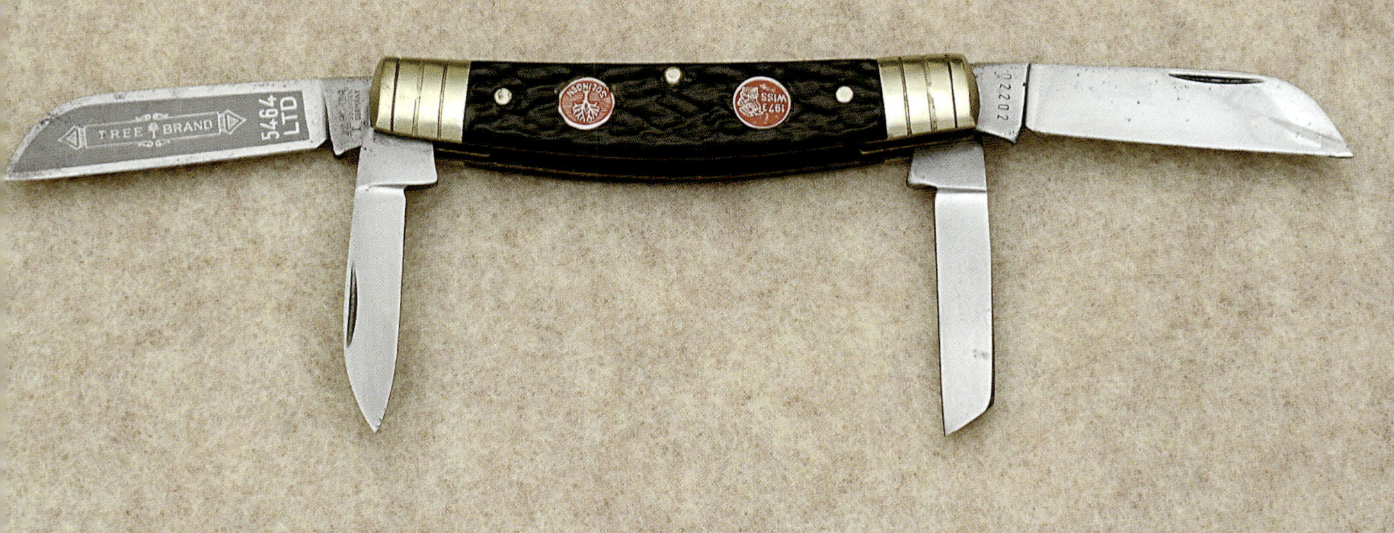

TREE BRAND
5464 LTD

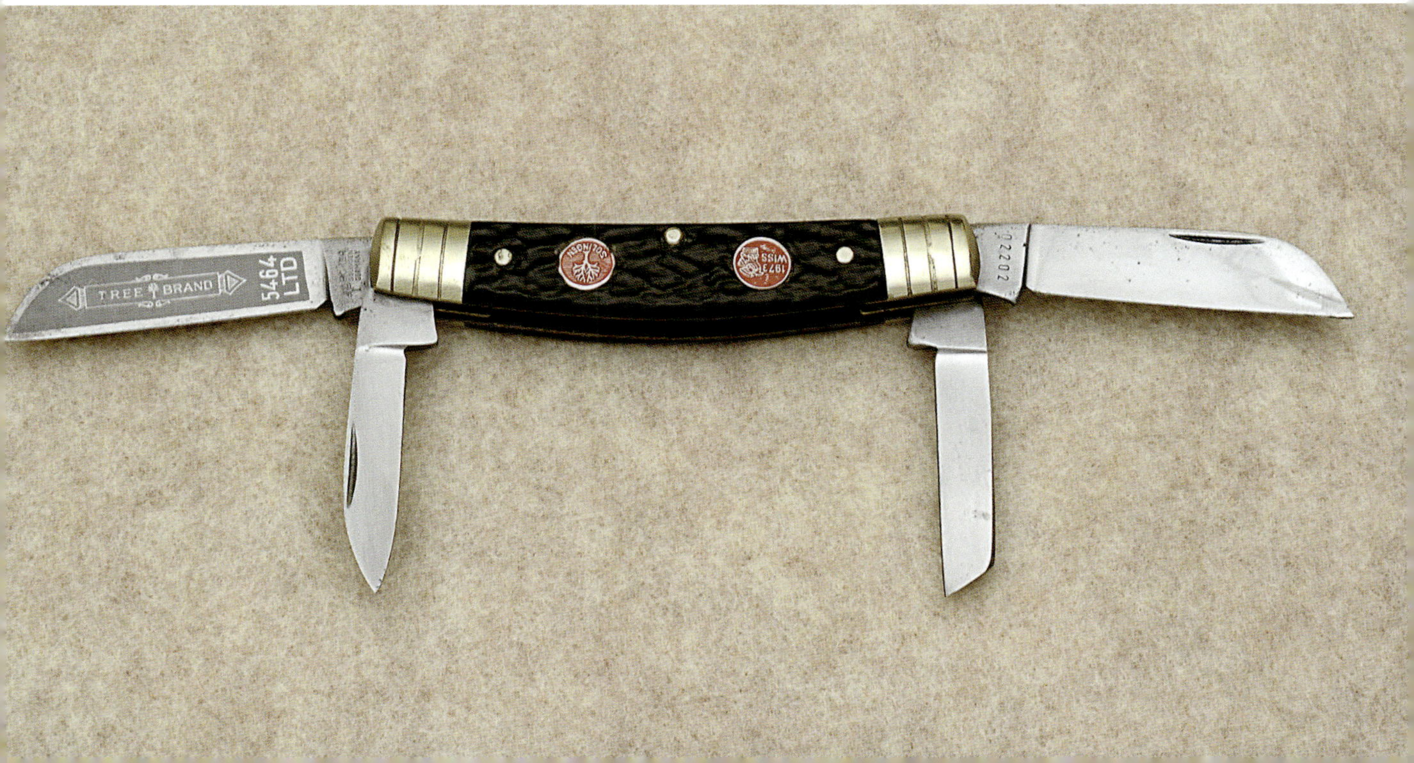

1972 folgte eines der schönsten Böker-Jubiläumsmesser überhaupt: Es war das mittelgroße 7588-Stockman-Modell, dem Böker seine matte „Frost"-Klingenätzung hinzufügte, die das „Tree Brand"-Logo in einem eleganten Gold zeigte. Dieses limitierte Messer wurde zudem mit goldfarbenen Doppelschildern verziert und ist ein wahres Kunstwerk. Die Fertigung war auf 20.000 Stück begrenzt und erfolgte in Solingen.

Das Vier-Klingen-Congress-Modell aus dem Jahr 1973 wurde auf 18.000 Stück limitiert. Bei diesem Set wurde eine eigene Seriennummer auf die Angel der großen Hauptklinge gestempelt. Die beiden Griffschilder waren mit roter Emaille beschichtet, und die geriffelten Backen verschafften diesem Messer ein sehr klassisches Aussehen.

Das im Jahr 1974 in limitierter Auflage hergestellte Modell war ebenfalls auf 18.000 Exemplare mit Seriennummern begrenzt. Für dieses Jahr wurde das große Stockman-Modell 6066 ausgewählt. Die schwarzen Delrin-Griffschalen waren wieder mit zwei goldfarbenen Schildern verziert. Die mattierte Klingenätzung zeigte die Worte „Tree Brand Classic" und das Bild eines Weißwedelhirsches.

Ein weiteres einzigartiges Jubiläumsmesser wurde 1973 hergestellt. Dieses Modell feierte das 150. Jubiläum von J. Wiss and Sons. Als Grundlage wurde ein Whittler-Modell 8313 verwendet. Ein elegantes, einzigartiges Schild in Propellerform wurde in elfenbeinfarbene Delrin-Griffschalen eingesetzt. Die Produktion wurde auf 24.000 Stück festgelegt. Solche Messer findet man noch heute auf Online-Auktionen in neuwertigem Zustand mit Originalverpackung und transparentem Kunststoffdeckel. Sie sind durchaus erschwinglich und stellen eine wunderbare Ergänzung zu jeder modernen Böker-Messersammlung dar.

Böker produziert bis heute Messer in limitierter Auflage. Diese limitierten Modelle werden hauptsächlich auf den ersten Seiten des Böker-Katalogs vorgestellt und fast ausnahmslos in Solingen gefertigt.

Eine bemerkenswerte Ausnahme von dieser Regel war die Messerserie „Great American Story“. Böker brachte die Messer dieser Reihe um 1976 zur 200-Jahr-Feier der Vereinigten Staaten heraus. In der Zeit zwischen Mai 1974 und Juni 1978 wurden 24 einzigartige Modelle produziert. Es handelt sich um eine Auswahl von 2- und 3-Klingen-Taschenmessern mit Klingen aus Kohlenstoffstahl und überdimensionalen Schildern auf den Delrin-Griffschalen. Alle Messer dieser Serie wurden in den USA hergestellt und sind mit der „Boker USA“-Stempelung versehen.

Die Schachteln und Beipackzettel sind bei dieser Serie sehr interessant. In der Zeit zwischen dem Ende der ersten und dem Beginn der zweiten Serie wechselte Boker USA den Besitzer, und das Unternehmen ging von J. Wiss and Sons auf die Cooper Tool Group über. Dadurch ist ein Großteil des Materials dieser Serie mit einer Mischung aus den Marken J. Wiss, Boker und Cooper gekennzeichnet. Viele der beigelegten Anleitun-

Ein schlangenförmiges Whittler mit bunter „Christmas Tree“-Griffbeschalung aus den 1980er Jahren.

Rechte Seite oben: Ein „Old Tom"-Lockback-Jagdmesser in limitierter Auflage aus dem Jahr 1984.

Rechte Seite unten: Ein Canoe-Modell in limitierter Auflage mit Holz-Griffschalen aus dem Jahr 1981, zu Ehren des Appalachian Trails aufgelegt, einem Fernwanderweg im Nordosten der USA.

gen wurden vor dem Verkauf gedruckt. So ist es nicht ungewöhnlich, dass solche Blätter, die mit J. Wiss gekennzeichnet waren, den Messern der zweiten Serie beilagen, die nach dem Verkauf an die Cooper Tools Group hergestellt wurden.

1976-1983: Die Cooper-Gruppe

Im Dezember 1976 wurde J. Wiss and Sons von Cooper Industries übernommen, einem großen multinationalen Unternehmen, das den finanziellen Rückhalt hatte, um stark in den Namen Böker zu investieren. Wiss war nicht länger die Muttergesellschaft von Boker USA. Vielmehr wurden Wiss und Boker innerhalb der Cooper Tools Group in einzelne Unternehmensbereiche aufgeteilt.

Cooper begann mit einem großen Werbeauftritt und vermarktete sieben große Marken in 140 Ländern über Partnerunternehmen. Mit einer intensiven Fernsehwerbekampagne gelang es Cooper Tools, den Gruppennamen mit Produkten zu verbinden, die individuelle Markennamen wie Crescent, Lufkin, Nicholson, Weller, Xcelite, Wiss und Böker trugen. Mit neuen Investitionen konnte der Standort Solingen seine Produktion optimieren und neue, moderne Produkte entwickeln.

Cooper verlegte die Produktion der Böker-Messer 1978 von Maplewood, New Jersey, nach Statesboro, Georgia. Die Anlage befand sich auf einem 67 Hektar großen Grundstück und wurde ursprünglich 1960 als Textilwerk der J. P. Stevens Company errichtet. 75 Mitarbeiter waren in dem frisch renovierten einstöckigen Fabrikgebäude aus Backstein in der 6644 Old River Road North, etwas außerhalb der Stadt, beschäftigt. Bis 1981 wurden in diesem Werk 15.000 bis 20.000 Messer pro Monat hergestellt. Leider stellte Cooper nur zwei Jahre später die Messerproduktion in den USA ein. Die beliebten Modelle wurden weiter von Heinrich Böker in Solingen hergestellt. Freundliche Verhandlungen führten dazu, dass Cooper drei Jahre später die amerikanischen Markenrechte wieder an Solingen

1984 LTD.
BOKER
OLD TOM
The Appalachian Trail is the oldest and longest footpath in the world. Beginning at Springer Mountain in Georgia, the trail threads its way northeast more than 2,000 miles through 14 states, two national parks and eight national forests, to Mt. Katahdin in Maine.
APPALACHIAN TRAIL
2846
200 LTD.

Ein Barlow-Jubiläumsmodell mit Holzgriff zu Bökers 125-jährigem Bestehen.

zurückgab. Das ermöglichte Böker in Solingen, auf dem riesigen und profitablen amerikanischen Markt selbstständig zu agieren.

Als Boker USA die Messerproduktion einstellte, wurde eine Charge unfertiger Messerklingen zur Weiterverarbeitung nach Solingen geschickt. Die Klingen waren bereits mit „Boker USA" gestempelt worden. Böker in Solingen polierte dann die in den USA hergestellten Klingen auf Hochglanz, fügte eine Ätzung mit dem Titel „Made in Germany" hinzu und komplettierte sie zu fertigen Messern. Aufgrund dieser Umstände wurden in den darauffolgenden Jahren Messer auf dem US-Markt verkauft, auf deren Klingen sowohl „Boker USA" als auch „Made in Germany" zu lesen war. Der aufmerksame Betrachter kann Fotos dieser doppelt gekennzeichneten Klingen in den Böker-Messerkatalogen von 1986 bis 1994 finden.

Die Rückkehr zu Naturmaterialien

Nachdem Böker über 20 Jahre lang hauptsächlich synthetische Griffmaterialien wie Delrin verwendet hatte, wagte das Unternehmen 1983 einen mutigen Schritt und kehrte zu natürlichen Griffmaterialien zurück. In einem Verkaufsprospekt von 1983 verkündet die Firma, dass „...Sie in Bökers neuen Messern kein Plastik finden werden". In den 1980er Jahren begannen Böker-Messer aus Solingen mit der Verwendung von rostfreien Klingen aus 440C-Stahl und Griffen aus Sambar-Hirschhorn, Jigged Bone und Palisander. Die Kunden fanden jedoch weiterhin „Plastik“ in Bökers neuen Messern, weil die Firma bis Ende der 90er Jahre immer noch Tausende von Exemplaren mit „Del-Bone“, einem 1976 patentierten Delrin-Material, herstellte. Messer mit Delrin-Griffen wurden bis in das 21. Jahrhundert hinein in den Böker-Verkaufskatalogen geführt.

Böker-Messer aus den 1980er Jahren mit natürlichem Griffmaterial sind meist mit den Jahren noch schöner geworden. Der Sammler, der das Glück hat, ein in den 1980er und 1990er Jahren hergestelltes Exemplar zu finden, hält einen Schatz in den Händen.

Arbolito in Argentinien

1983 wurde die Boker Arbolito S. A. gemeinsam mit der Familie Salzmann in Buenos Aires, Argentinien, gegründet. Zu Beginn waren die in Argentinien hergestellten Produkte hauptsächlich Haushalts- und Arbeitsmesser. Heute enthält der Böker-Messerkatalog einen Abschnitt mit Jagdmessern mit feststehender Klinge, die mit der Marke Arbolito gekennzeichnet sind. Sie werden nach wie vor zum Arbeiten hergestellt, sind aber aus hochwertigen Materialien gefertigt, mit Griffen aus exotischem Holz oder echtem Hirschhorn. Südamerika ist nach wie vor ein wichtiger Markt für Böker. Die heutige Baummarke umfasst sowohl die Wörter „Tree Brand“ als auch „Arbolito“.

United Boker, 1984-1994

United Boker war ein Gemeinschaftsprojekt von Böker Solingen und United Cutlery. Alle United-Boker-Messer wurden von H. Böker in Solingen hergestellt. Sammler stolpern gelegentlich über schöne Beispiele von Messern, die in dieser Partnerschaft entstanden sind. Es ist sehr schwierig, das Alter dieser Messer und die Geschichte dahinter zu bestimmen.

Als die Cooper Tool Group die Böker-Messerproduktion in den USA beendete, hatte Heinrich Böker in Solingen keinen Partner mehr für die Vertretung der Tree-Brand-Taschenmesser. Durch Zufall fanden sie die kleine Firma United Cutlery, die gerade gegründet worden war, um die Marktbedeutung der beiden Messerhändler Smoky Mountain Knife Works und Blue Ridge Knives zu erhöhen.

1984, als sich diese beiden US-Handelsunternehmen für Schneidwaren zu United Cutlery zusammenschlossen, kümmerte sich David Hall von Blue Ridge von zu Hause aus um das Geschäft, während Phil Martin von Blue Ridge und Kevin Pipes von Smoky Mountain ausgiebig durch die Welt reisten und Lieferanten suchten. United Cutlery besaß bereits die deutschen Marken „Kissing Crane“ und „Hen and Rooster“ , als sie zufällig auf einer Messe Ernst Felix-Dalichow kennenlernten, den damaligen Geschäftsführer des Böker Baumwerks in Solingen. Die Herren trafen sich am nächsten Tag zum Frühstück und unterzeichneten eine Vereinbarung, bei der sich die Teilhaber von United Cutlery zum Kauf von 10.000 Messern verpflichteten.

Diese Partnerschaft bedeutete eine dringend benötigte Finanzspritze für das angeschlagene Solinger Schneidwarenunternehmen. Gleichzeitig war sie ein starker Imagegewinn für United Cutlery, dessen meistverkauftes Messer bis dahin die von Gil Hibben entworfene Replika des „Rambo“-Filmmessers war. Schnell wurde ein neues Markenzeichen für die Messerserie mit dem neuen Namen United Boker geschaffen. Das Design des Markenzeichens war die Kombination von Uniteds Globus und Bökers ikonischem Baum.

United-Boker-Messer waren die gleichen beliebten Modelle wie die Messer von Böker Solingen, wurden aber mit einer anderen Modellnummer gekennzeichnet. Die United-Boker-Serie wurde in einer schwarz-goldenen Box verkauft, mit dem neuen United-Boker-Markenzeichen auf der Vorderseite. Die Messer waren mit traditionellen Griffbeschalungen ausgestattet, zuerst mit rotem Knochen, schnell gefolgt von grünem Knochen. Später wurden diese Messer mit Griffen aus Zelluloid angeboten. Diese gab es im Muster „Christmas Tree“ und „Candy Cane“. Zelluloid war in den 80er Jahren ein ungewöhnliches und auffälliges Griffmaterial.

United Boker folgte der Tradition von Böker, limitierte Editionen und Jubiläumsmesser als Einzelstücke und Sets anzubieten. So gab es zum Beispiel Messer, die an die Soldaten des Zweiten Weltkriegs, in Vietnam und Korea erinnern. Die Firma koppelte Messer mit US-Münzen. Es wurden Modelle mit Bildern von Oldtimern auf den Klingen gefertigt. Die US-Flagge wurde abgebildet. Es gab sogar ein Jubiläumsmesser mit dem Bild von John F. Kennedy auf der Klinge. Nach zehn Jahren fand die Partnerschaft zwischen United Cutlery und Böker ein Ende. Die Herstellung von Schneidwaren unter der Marke United Boker wurde um 1994 eingestellt.

Zwei Jubiläumsmodelle aus dem Jahr 1994 aus Solingen. Das obere Whittler-Modell besitzt Griffschalen aus Palisander, und das untere Stockman synthetische rote Griffschalen.

BÖKER
DAMAST
BÖKER ROSTFREIER DAMAST
Herzlichen Glückwunsch zu Ihrem neuen BÖKER Damastmesser.
Dieses BÖKER Messer wurde in Handarbeit von unseren besten Messermachern in der BÖKER Manufaktur in Solingen gefertigt. Die Klinge besteht aus über 200 Lagen rostfreien, handgeschmiedeten Damaststahls aus der renommierten Schmiede von Chad Nichols/USA. Der ausgefallene und besonders fein gezeichnete Damast im Muster „Ladder" macht dieses Messer nicht nur zum gesuchten Sammlerstück mit exquisiter Optik, sondern bürgt auch für hohe Alltagstauglichkeit.
www.boker.de
BÖKER
MANUFAKTUR SOLINGEN

Heinrich Böker in der Neuzeit

1990-heute

Im Jahr 1990 begann Böker mit der Vermarktung von mehreren Modellen, deren Klingen aus rostbeständigem Stahl und nicht wie üblich aus 1075-Kohlenstoffstahl gefertigt waren. Diese Messer umfassten mehrere klassische Modelle mit hochglanzpolierten, glatten Knochengriffen in den Farben Rot, Braun und Grau. Die mattierte Klingenätzung zeigte den „Tree Brand Classic"-Schriftzug sowie die Modellnummer. Die Modellnummern waren die gleichen wie bei den Klingen aus Kohlenstoffstahl, außer dass der Zusatz „SS" für „Stainless Steel" hinzugefügt worden war.

Ebenfalls in der frühen Hälfte der 1990er Jahre hatte Böker auf seinen Jahresmessern in limitierter Auflage aufgebaut und mehrere zusätzliche Jubiläumsmesser geschaffen. Die Jubiläumsmesser aus den Jahren 1990 bis 1995 umfassten Serien zur Erinnerung an den Amerikanischen Bürgerkrieg und den Zweiten Weltkrieg, es gab eine Wildtierserie, und 1995 startete man eine Serie mit Barlow-Messern, die dem amerikanischen Jäger gewidmet waren.

1994 feierte Heinrich Böker das 125-jährige Bestehen der Solinger Fabrik. Eine einwöchige Feier in der Betriebsstätte beinhaltete Werksführungen, bei denen die einzelnen Schritte der Messerherstellung vorgeführt wurden. Wie Damaststahl hergestellt wird, wurde von Manfred Sachse demonstriert, der einen 300-Lagen-Damast schmiedete, den Böker für Damast-Messer verwendet. Alle 1994 hergestellten Böker-Messer wurden mit einem speziellen Schild verziert, das ausschließlich für das Jubi-

The Rabbit Hunter
1999 Limited Edition

BÖKER
BAUMWERK · SOLINGEN

The Bird Hunter
1998 Limited Edition
BÖKER
BAUMWERK · SOLINGEN

The Bear Hunter
1997 Limited Edition
BÖKER
BAUMWERK · SOLINGEN

The Turkey Hunter
1996 Limited Edition
BÖKER
BAUMWERK · SOLINGEN

läum verwendet wurde. Auf dem Schild war in der Mitte groß „125 Böker" zu lesen, darüber stand das Jahr 1869 und darunter 1994. Im gleichen Jahr führte Böker auch einen neuen Griff aus Schildpatt-Imitat ein. Das Material hatte eine durchscheinende bordeauxrote Farbe und wurde für elf verschiedene Messermodelle verwendet, die vom 492 Barlow bis zum großen Stockmann 9885 reichen. Die Modelle mit Griffbeschalung aus Schildpatt-Imitat wurden in den Katalogen mit dem Zusatz „T" nach der Modellnummer gekennzeichnet.

In der letzten Hälfte der 1990er Jahre wurden von Böker mehrere neue Messermodelle eingeführt. Das Modell Optima mit austauschbarer Klinge und Lockback-Arretierung wurde erstmals 1995 produziert. Das erste Liner-Lock-Messer von Böker, das Superliner, wurde 1996 vorgestellt, zusammen mit dem Toplock und dem Toplock II, die beide von Dietmar Pohl entworfen wurden. Dietmar Pohl war für Böker ein wichtiger Messerdesigner, der für zahlreiche erfolgreiche Modelle verantwortlich zeichnete. Weitere neue Messermodelle waren die im Jahr 1997 eingeführten Applegate-Fairbairn-Kampfmesser und 1998 das taktische Tauchermesser Orca.

Das neue Jahrtausend markierte einen spannenden Start für Böker mit dem Bau einer neuen Produktionsstätte in Solingen. Dieses moderne Werk wurde neben der alten Fabrik errichtet. Eine Luftfilterung, eine Klimaanlage und moderne Beleuchtung sorgten für eine saubereres, sichereres und effizienteres Werk und ein im Wortsinne besseres Arbeitsklima. Im April 2000 konnte man im Böker-Newsletter „Tree Times" (Vol. 12, Nr. 1) nachlesen, welche Begeisterung über das neue Gebäude herrschte:

Linke Seite: Vier in Deutschland hergestellte Barlow-Messer der American-Hunter-Serie, die von 1995 bis 1999 produziert wurde.

Rechte Seite oben: Ein in Solingen gefertigtes Canoe-Modell mit Knochengriff aus der 2005er-Serie.

Rechte Seite unten: Ein Perlmutt-Gentleman-Messer aus Solingen mit zwei Federklingen.

Ernst Felix-Dalichow, Inhaber und Präsident der Böker-Manufaktur in Solingen, hatte sich den Tag seit langem erträumt, an dem ein neues Fertigungsgebäude jene alternde Struktur ersetzen würde, die seit so vielen Jahren für die Messerherstellung genutzt wurde. Er fand, er sei den Schmieden bei Böker schuldig, ihnen die bestmögliche Arbeitsumgebung zu bieten, die zu diesem Zeitpunkt möglich war.

Der Artikel geht weiter:

Natürlich ist das neue Gebäude mit modernsten Technologien in Form von computergesteuerten Maschinen ausgestattet, die wiederkehrende Aufgaben des Klingenschleifens und der Herstellung von Messerteilen präzise, schnell und effizient automatisieren.

In den letzten zwei Jahrzehnten kehrte Heinrich Böker zu den natürlichen Materialien und Messern in altbewährter Qualität zurück. Die Kosten für die Messerherstellung werden durch die Automatisierung des Prozesses kontrolliert. Fräsarbeiten erfolgen nun in erster Linie mit computergesteuerten (CNC) Maschinen.

Böker hat das 21. Jahrhundert auch damit begonnen, aufregende neue Messermodelle in Zusammenarbeit mit bekannten und talentierten Messerdesignern zu entwickeln. Michael Walker, Bud Nealy und Walter Brend arbeiteten ab dem Jahr 2000 mit Böker zusammen, und auch John Bailey entwarf für Böker eine neue Serie von hochwertigen Wurfmessern. Nicht weniger wertvoll war die Arbeit des hauseigenen Designers Dietmar Pohl, der im Jahr 2000 die Liner-Lock-Serie Gemini schuf. Er entwarf auch das extrem erfolgreiche Springmesser-Modell Speedlock sowie das Turbine.

2003 war ein hervorragendes Jahr für neue Messerkonzepte – Böker führte fünf verschiedene Messerserien ein. Eine erneute Revolution begann, als Böker eine Zusammenarbeit mit dem berühmten Konstrukteur Mikhail Kalashnikov einging, um die neue AK-47-Serie von Automatik-

BOKER
TANG STAMP
SERIES
18 48
20 05
SOLINGEN, GERMANY
TREE BRAND
CLASSIC
TREEBRAND · ARBOLITO · BÖKER ·

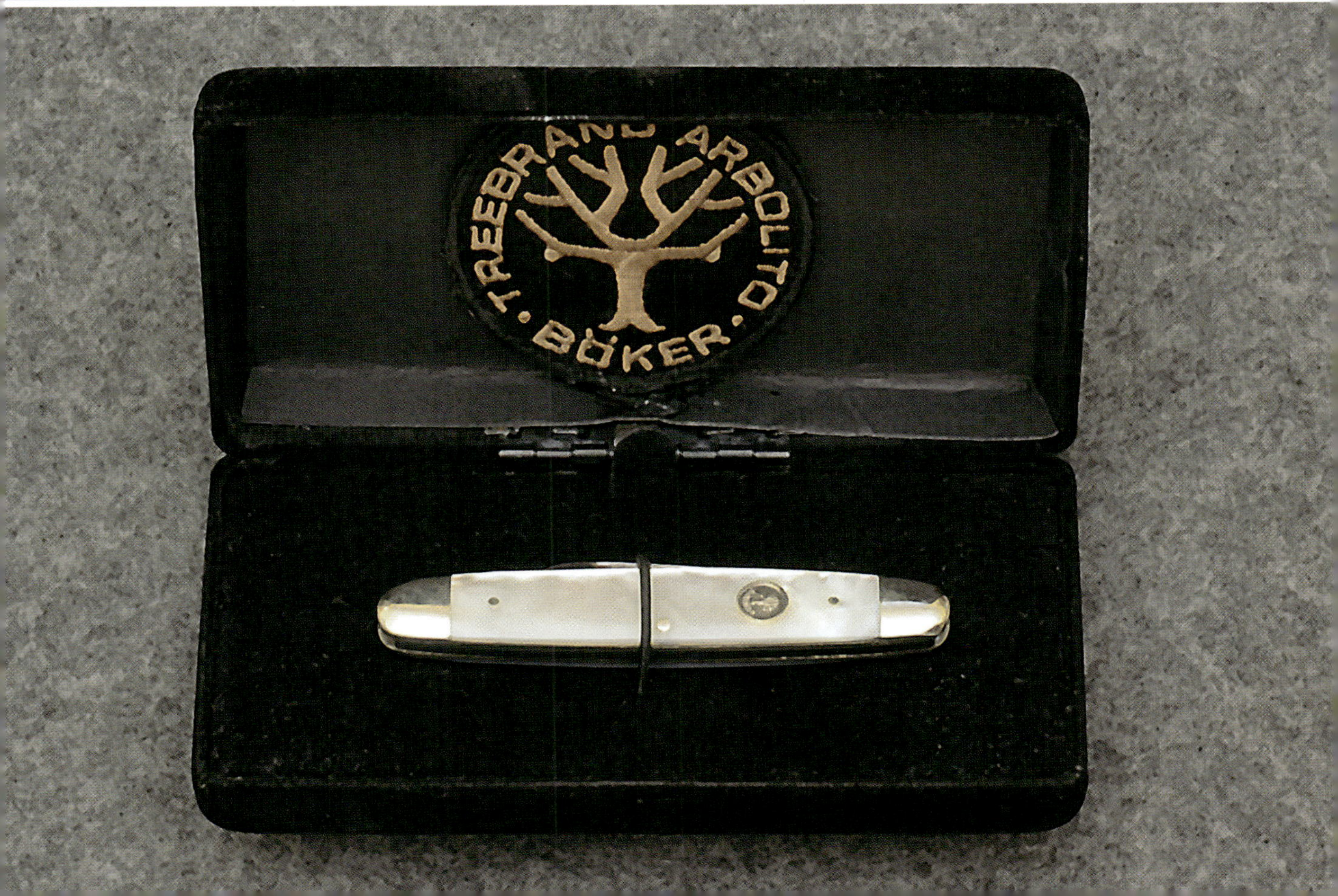

DOUBLE TREE

Boker's Finest...

The tree as Boker's trademark is as old as the company – 138 years. A real chestnut tree growing close to the plant gave Heinrich Boker the idea to choose this symbol for quality. Don't forget, back in 1867, Heinrich was already exporting to Africa and South America, where only a few people could read the company's name. Today the Tree logo is worth more than our new plant. It is our seal for the product made by us, in Solingen, Germany. It guarantees your knife is an original Boker. In today's extremely competitive environment, ideas, designs, materials and technical concepts are routinely stolen. But the Tree Brand is ours alone and we protect it as our treasure.

Model 2525 24DT

In an era of cost cutting and mass marketing, the Double Tree series reconfirms our ongoing commitment to quality. For Double Tree we selected 6 very traditional Boker patterns. We will only manufacture 1,000 pieces of each pattern, with the choice of 3 handle materials. The Trapper (Model 2525) and the Congress (Model 5464) will be introduced first - 200 pieces in pearl, 300 pieces in sambar stag and 500 pieces in jigged grey bone. The decorative bolsters are castings out of nickel silver and the Solingen stainless steel blades show old grinding patterns and are mirror polished. Each knife features brass liners and stainless steel springs. All knives are presented in a traditional collector's knife pouch.

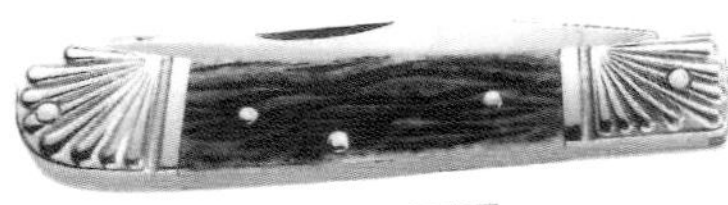

Model 2525 22DT

Model 2525 23DT

Trappers: Closed length: 4".

2525 24DT. Genuine Mother of Pearl. SRP: $199.00
2525 23DT. Genuine sambar stag. SRP: $179.00
2525 22DT. Jigged grey bone. SRP: $149.00

Congress: Closed length: 3 ¼". *(Not shown).*

5464 24DT. Genuine Mother of Pearl. SRP: $199.00
5464 23DT. Genuine sambar stag. SRP: $189.00
5464 22DT. Jigged grey bone. SRP: $159.00

messern und Armbanduhren zu entwickeln. Da die Marke AK-47 in den USA bereits geschützt war, wurde die Messerreihe später in KAL-74 umbenannt. Der Advanced Tactical Folder, kurz ATF, wurde ebenfalls 2003 eingeführt, zusammen mit dem Quick-Flip-Klappmesser, dem Original Bowie und einer Reihe von Messern mit dem Heckler & Koch-Logo. Diese Messer, die in Zusammenarbeit mit H&K entstanden, wurden zeitgleich mit der neuen H&K-Pistolenreihe P2000 eingeführt. Viele der Gestaltungsmerkmale und Materialien der H&K-Messerlinie entsprachen der Pistole P2000. Dieses Set erwies sich vor allem in den USA bei den Besitzern von Heckler & Koch-Waffen als sehr beliebt.

Linke Seite:
Eine Anzeige aus dem Böker-Newsletter „Tree Times", die einige schöne Trapper-Modelle aus dem Jahr 2005 zeigt.

2005 war ein weiteres großartiges Jahr für die Einführung neuer Messer. Das Modell Nr. 110550 wurde vorgestellt. Es war das erste Messer weltweit mit versenkbarem Taschenclip. Als nächstes folgten das Modell Helios und der einzigartige Escrima Folding Dagger (EFD), ein spezialisiertes Selbstverteidigungswerkzeug.

2005 produzierte Böker die sogenannte Boker Tang-Stamp-Serie, auch wenn diese nicht im Böker-Katalog zu finden war. Diese Messer repräsentierten einige der beliebtesten alten Klassiker in drei Jigged-Bone-Griffvarianten: Rot, Grün und Hirschhorn. Die Klingenätzung zeigte eine historische Stempelung, und der Griff wurde mit zwei historischen Schildern verziert, die mit schwarzer Emaille beschichtet waren.

Im Jahr 2006 wurde eine neue, sehr hochwertige Serie eingeführt, die so genannte Double-Tree-Serie. Griffschalen aus Hirschhorn, Perlmutt und grauem Jigged Bone wurden vorgestellt. Die Beschreibung der neuen Premium-Qualitätsmesser in der Herbstausgabe der „Tree Times" im Jahr 2005 lautet:

Die Double Tree-Serie bestätigt erneut unser kontinuierliches Engagement für Qualität. Für die Double-Tree-Serie haben wir sechs sehr traditionelle Böker-Modelle ausgewählt. Wir werden nur 1000 Stück von jedem Modell herstellen, und es stehen drei Griffmaterialien zur Auswahl. Das Trapper (Modell 2525) und das Congress (Modell 5464) werden zuerst eingeführt. 200 Stück in Perlmutt, 300 Stück in Sambar-Hirschhorn und 500 Stück in grauem Jigged Bone. Die dekorativen Backen sind aus Neusilber gegossen, und die rostfreien Solinger Messer zeigen alte Schleifmuster und sind hochglanzpoliert. Jedes Messer verfügt über Messingunterlagen und Edelstahlfedern.

Weitere Messer der Double-Tree-Serie waren das große Stockman-Modell 7474, das Whittler 280, das Copperhead 2626 und die Copperhead-Modelle 4610, 4617 und 4618.

Das heutige Unternehmen Böker lässt sich in vielerlei Hinsicht mit der Boker Company aus dem 19. Jahrhundert vergleichen. Die Schneidwarenindustrie ist nach wie vor äußerst wettbewerbsfähig, und Schneidwarenunternehmen stehen vor mehreren Herausforderungen, darunter staatliche Vorschriften, Zölle und die ausländische Konkurrenz. Böker blickt auf eine Geschichte zurück, in der sich das Unternehmen stets dahin begeben hat, wo es notwendig war, um wettbewerbsfähig bleiben zu können. Genauso wie Hermann und Robert in den 1880er Jahren in die Vereinigten Staaten, nach Kanada und Mexiko gingen, befindet sich die heutige Böker-Produktion in Solingen, Argentinien, Taiwan und China (unter den Marken Böker, Arbolito, Böker Plus und Magnum).

Böker ist führend in der modernen Fertigungstechnologie mit hochwertigen Materialien. Moderne Stähle wie X-15, ATS-34 und CPM-S60V werden zusammen mit edlen Damaststählen und den bewährten rostfreien Stahlsorten 440A und 440C verwendet. Böker ist zudem Hersteller von Keramikklingen.

Die Griffe bieten ein Spektrum von alt bis neu. Zelluloid ist auf modernen Böker-Messern mit dem frisch wiedergeborenen Schildpatt-Imitat zurückgekehrt. Es werden Palisanderholz, Räuchereiche und Fasseiche verwendet. Perlmutt, glatter Knochen und Jigged Bone als kreativ gefräste Modelle sind immer noch ein Grundpfeiler, ebenso wie Delrin und Mammut-Elfenbein. Leichte Titan-Griffe sind eine beliebte Option, ebenso wie moderne, robuste und unempfindliche Verbundmaterialien wie G-10 und Micarta.

Böker setzt auch die erfolgreiche Strategie fort, mit talentierten Messerdesignern wie Jens Ansø, Jesper Voxnaes oder Todd Begg zusammenzuarbeiten. Mit engagierter Führung, qualifizierten Mitarbeitern, modernster Fertigung und weltweiter Präsenz scheint die Zukunft von Heinrich Böker genauso vielversprechend zu sein wie seine Vergangenheit.

Ein in Deutschland hergestelltes Lockback-Klappmesser mit Holzgriffschalen und Damastklinge aus dem Jahr 2015.

Die Werksschautafel

Schneidwarenfirmen auf der ganzen Welt präsentierten üblicherweise ihren Messerherstellungsprozess mittels Schautafeln. Diese Tafeln wurden eigentlich nur vom Werk und einigen ausgewählten Verkäufern verwendet, um den Kunden so die Arbeitsschritte näherzubringen. Aus diesem Grund gibt es allgemein nur sehr wenige solcher Schautafeln für Schneidwaren. Hier ist eine Werksschautafel von Böker mit einem „Premium Stockman"-Modell aus den 1950er Jahren zu sehen. Die verschiedenen Schritte bei der Herstellung eines Taschenmessers von Anfang bis Ende sind übersichtlich angeordnet. Die drei Klingen werden in verschiedenen Phasen der Produktion gezeigt: vom ausgestanzten Metallrohling bis hin zur fertigen Klinge. Außerdem sind die Federn, Platinen mit Backen sowie die Griffschalen vor der Montage und letztlich ein fertiges Messer zu sehen.

Druckblöcke

Angesichts der heutigen digitalen Druckverfahren ist es kaum zu glauben, dass sich der Farbbuchdruck über 500 Jahre lang bewährte. Seit Gutenberg die Druckmaschine um 1440 entwickelt hatte, erfolgte der Buchdruck bis etwa in die 1970er Jahre nahezu auf die gleiche Weise.

Kupferumkleidete Holzblöcke wurden häufig verwendet, um in Druckmaschinen Farbe auf Papier zu übertragen. Auf diesen Blöcken waren Buchstaben und Grafiken in das Kupfer eingeätzt, die in ein „Bett" gelegt wurden, um Wörter und Bilder zu formen. Interessanterweise wurde auf den Kupferblöcken alles rückwärts oder seitenverkehrt dargestellt und entgegengesetzt und korrekt auf Papier gedruckt. Nachfolgend sind zwei kupferbekleidete Holzdruckplatten mit den dazugehörigen Werbeanzeigen aus dem Jahr 1941 zu sehen.

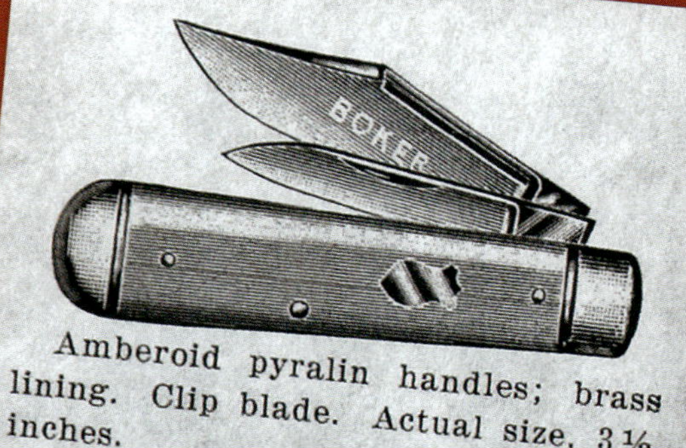

Amberoid pyralin handles; brass lining. Clip blade. Actual size, 3 ½ inches.

No. 9273C Y.P.... per dozen, $12.00

Same as above, but with bone stag handles.

No. 9273C ....per dozen

Bone stag handles; nickel silver lining with milled edges. Deluxe quality. Actual size, 3 ⅛ inches.

No. 3493½. ..... per dozen, $20.00

Same as the above, but with genuine deer horn stag handles.

No. 8493. ....per dozen, $30.00

L.S. STARRETT COMPANY
World's Greatest Toolmakers
MANUFACTURERS OF HACKSAWS UNEXCELLED
STEEL TAPES STANDARD for ACCURACY
Athol, Mass. U.S.A.
Starrett Tools
STARRETT TOOLS
BOKER
23
STARRETT HACK SAWS
CUT QUICKER LAST LONGER
MADE IN U.S.A.

Barlow-Messer

Ein solider Arbeiter

Wie bei den meisten Messern mit langer Tradition, sind auch die frühen Jahre des Barlow-Messers von einem Geheimnis umwoben. Mindestens vier Messermachern wird die Erfindung des Barlow-Messers zugeschrieben. Die am weitesten verbreitete Theorie ist, dass das Barlow-Messer erstmals um 1670 von Obadiah Barlow in Sheffield hergestellt wurde.

Während sich einige für andere Erfinder aussprechen, ist man sich jedoch allgemein darüber einig, dass das Barlow-Messer im englischen Sheffield zwischen dem späten 17. und dem frühen 18. Jahrhundert erfunden worden ist. Es wurde schon auf den amerikanischen Kontinent importiert, bevor es die „Vereinigten Staaten von Amerika" gab, da es seinen Weg in die neue Welt bereits Anfang des 18. Jahrhunderts fand.

Das Barlow-Messer wurde als ein robustes und erschwingliches Messer entwickelt. Die frühesten Barlow-Messer hatten nur eine einzige Spearpoint-Klinge. Später fügten einige Hersteller eine zweite Federklinge hinzu. In Amerika wurde die Spearpoint-Hauptklinge durch die beliebte Clip-Point-Klinge ersetzt, damals grundsätzlich aus Kohlenstoffstahl gefertigt. Der Griff war mit grob geschliffenen Knochenschalen belegt. Es wurde wenig Zeit für die Veredelung oder das Polieren aufgewendet. Die Bauform der Backen war groß und dick. Hergestellt wurden sie meist aus Eisen. Es war von Anfang an ein echtes Arbeitermesser.

Das Barlow-Messer wurde bald zu einer amerikanischen Ikone. Es wurde überall dort bevorzugt eingesetzt, wo ein robustes und zuverlässiges Messer gefragt war. Besonders beliebt war es im Westen, Mittleren Wes-

Eine Katalogabbildung von 1910 zeigt fünf einzigartige Barlow-Modelle mit sowohl „flachen“ als auch „abgestuften“ Backentypen.

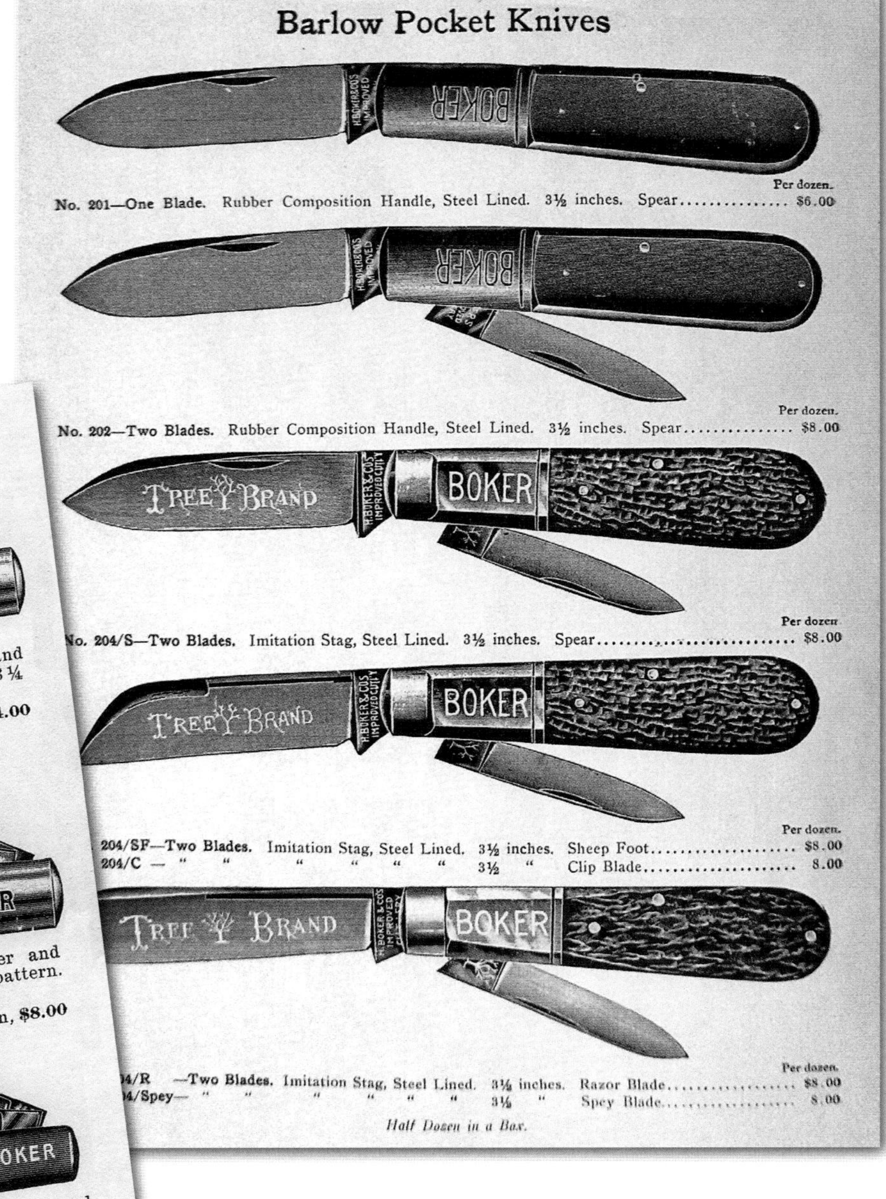

Barlow Pocket Knives

Per dozen.
No. 201—One Blade. Rubber Composition Handle, Steel Lined. 3½ inches. Spear $6.00

Per dozen.
No. 202—Two Blades. Rubber Composition Handle, Steel Lined. 3½ inches. Spear $8.00

Per dozen
No. 204/S—Two Blades. Imitation Stag, Steel Lined. 3½ inches. Spear $8.00

Per dozen.
204/SF—Two Blades. Imitation Stag, Steel Lined. 3½ inches. Sheep Foot $8.00
204/C — " " " " " " 3½ " Clip Blade 8.00

Per dozen.
04/R —Two Blades. Imitation Stag, Steel Lined. 3½ inches. Razor Blade $8.00
04/Spey— " " " " " 3½ " Spey Blade 8.00

Half Dozen in a Box.

Bone handles; steel bolster and lining. Clip blade. Actual size, 3¼ inches.
No. 391C. .... per dozen, **$4.00**

Bone handles; steel bolster and lining. Original Barlow pattern. Actual size, 3¼ inches.
No. 492. .... per dozen, **$8.00**

Bone handles; steel bolster and lining. Original Barlow pattern. Clip blade. Actual size, 3¼ inches.
No. 492C. .... per dozen, **$8.00**

Same as above, but with white handles.
No. 492C-W. ...... per dozen, **$8.00**

In diesem Katalogausschnitt aus dem Jahr 1941 ist das letzte Exemplar dieses Barlow-Messers mit diesem Backenstempel zu sehen.

ten und Süden der USA. George Washington war bekannt dafür, ein Barlow-Messer bei sich zu tragen. Mark Twain würdigte das Barlow-Messer gar als einen Teil der amerikanischen Kultur. Er erwähnte das „echte Barlow“ ausdrücklich in zwei seiner berühmtesten und beliebtesten Romane. Es wurden sogar Songs über dieses nützlichste aller Schneidwerkzeuge geschrieben.

Die John Russell Company war wahrscheinlich das erste Unternehmen, das in den Vereinigten Staaten Barlow-Messer herstellte. Die Firma produzierte in ihrer Fabrik in Greenfield, Massachusetts, um 1875 erstmals Barlow-Messer in Serie. Die Backen wurden mit dem Buchstaben „R“ gestempelt, durch den sich ein Pfeil zog.

H. Boker and Company war seit 1837 Importeur von Schneid- und Stahlwaren und hatte wahrscheinlich viele Barlow-Messer aus Sheffield seit dieser Zeit importiert. Es ist unklar, wann Böker mit der Herstellung der Barlow-Messer begonnen hat. Es gibt Dokumente, die auf die Zeit vor dem 20. Jahrhundert verweisen. Die frühesten bekannten Katalogabbildungen der Boker-Barlow-Messer stammen aus einem Hermann Boker & Company-Katalog von 1906. Dort sind sieben Modelle aufgelistet, aber nur drei bildlich dargestellt. Alle zeigen die gleiche dreizeilige Prägung auf dem Ricasso, die „H. Boker & Co's Improved Cutlery“ lautet. Sie alle tragen auch die „Boker“-Beschriftung in Blockschrift auf den Backen. Der Stempel für diese Beschriftung wurde bis zum Beginn des Zweiten Weltkriegs verwendet.

Modell 201:

Dieses Modell besaß eine einzelne Spearpoint-Klinge, einen Griff aus Gummi, Stahlbacken und Stahlplatinen. Die geschlossene Länge betrug 8,6 Zentimeter. Die Hauptklinge ließ sich per Nagelhau ausklappen.

Modell 202:

Diese Version glich dem Modell 201, außer dass eine zweite Federklinge hinzugefügt war.

BOKER
493
BOKER
TREE BRAND
BOKER
TREE BRAND

Modell 204-S.F.:
Diese Variante besaß zwei Klingen. Die Hauptklinge, in Form einer Schafsfuß-Klinge, und eine zweite Federklinge. Die Hauptklinge war poliert, die Federklinge hatte eine satinierte Oberfläche. Die Hauptklinge des Modells 204 öffnete sich mit einem langen Nagelhau. Die Hauptklinge wurde mit der Aufschrift „Tree Brand“ säuregeätzt. Die Backen wurden aus Neusilber anstelle des traditionell verwendeten Eisens hergestellt. Auch die Backen des 204-Modells weisen eine intensivere Veredelung auf. Der Bogen der traditionell runden Backen wurde an der Stelle abgeflacht, wo der „Boker“-Stempel aufgesetzt wurde. Die Platinen waren aus Stahl gefertigt. Die Griffschalen des Modells 204 bestanden aus Jigged Bone oder Hirschhorn.

Modell 204-Spey:
Diese Ausführung glich dem Modell 204-S.F., außer dass die Hauptklinge in Form einer Speyklinge (auch Kastrierklinge genannt) erschien.

Modell 204-Razor Blade:
Auch dieses Modell entsprach dem 204-S.F., außer dass die Hauptklinge den kantigen Kopf eines Rasiermessers hatte.

Modell 204-Clip:
Diese Variante besaß glatte Knochen-Griffschalen und eine einzige Clip-Point-Klinge mit langer Hohlkehle.

Modell 204-Spear:
Diese Version war identisch dem Modell 204-S.F., wobei die Hauptklinge die traditionelle Spearpoint-Form zeigte.

Die Preise für diese frühen Barlow-Messer waren ziemlich günstig. Das Modell 201 kostete 4 $ pro Dutzend. Das zusätzliche Sekundärblatt am Modell 202 erhöhte den Preis auf 6 $ pro Dutzend. Das luxuriösere Modell 204 kostete im Dutzend acht Dollar. In den Jahren vor dem Zweiten Weltkrieg wurden einige Änderungen an den Barlow-Messern von Böker vorgenommen. Die Prägung „H. Boker & Co's Improved Cutlery" auf dem Ricasso wurde durch einen Stempel mit einem Baum ersetzt. Anstelle der Griffbeschalung aus der Gummimischung kam Knochen als Griffmaterial zum Einsatz. Die geschlossene Länge betrug 8,3 Zentimeter, die Backen und Platinen waren aus Eisen gefertigt.

Die Nummern der Vorkriegsmodelle wurden gelistet als:

Modell 391C:
Glatte Knochen-Griffschalen und eine einzige Clip-Point-Klinge mit langer Hohlkehle.

Modell 492:
Knochen-Griffschalen, Spearpoint-Hauptklinge mit einer langen Nagelkerbe und einer zweiten Federklinge.

Modell 492C:
Gesägte Knochengriffe, Clip-Point-Hauptklinge mit kleinem Nagelhau und eine zweite Federklinge.

Modell 492C-W:
Wie das 492C, jedoch mit weißen Griffschalen.

In den Jahren nach dem Zweiten Weltkrieg änderte Boker USA einige seiner Messermarkierungen, um sich von den deutschen Verwandten abzuheben. Die legendäre „Tree Brand"-Kennzeichnung war Segen und Fluch zugleich. Das Barlow erhielt einen neuen Backenstempel. Der Name Boker wurde weiterhin verwendet, aber mit einem langen Schwanz stilisiert, der sich – von der Unterseite des Buchstabens „K" ausgehend – gegen den Uhrzeigersinn vollständig um den Namen Boker wickelte. Oben auf dieser „Wolke" war die stolze Prägung „Made in USA" zu lesen.

Diese seltene und schöne Stempelung wurde erst ab Ende der 1940er Jahre bis Mitte der 1950er Jahre verwendet.

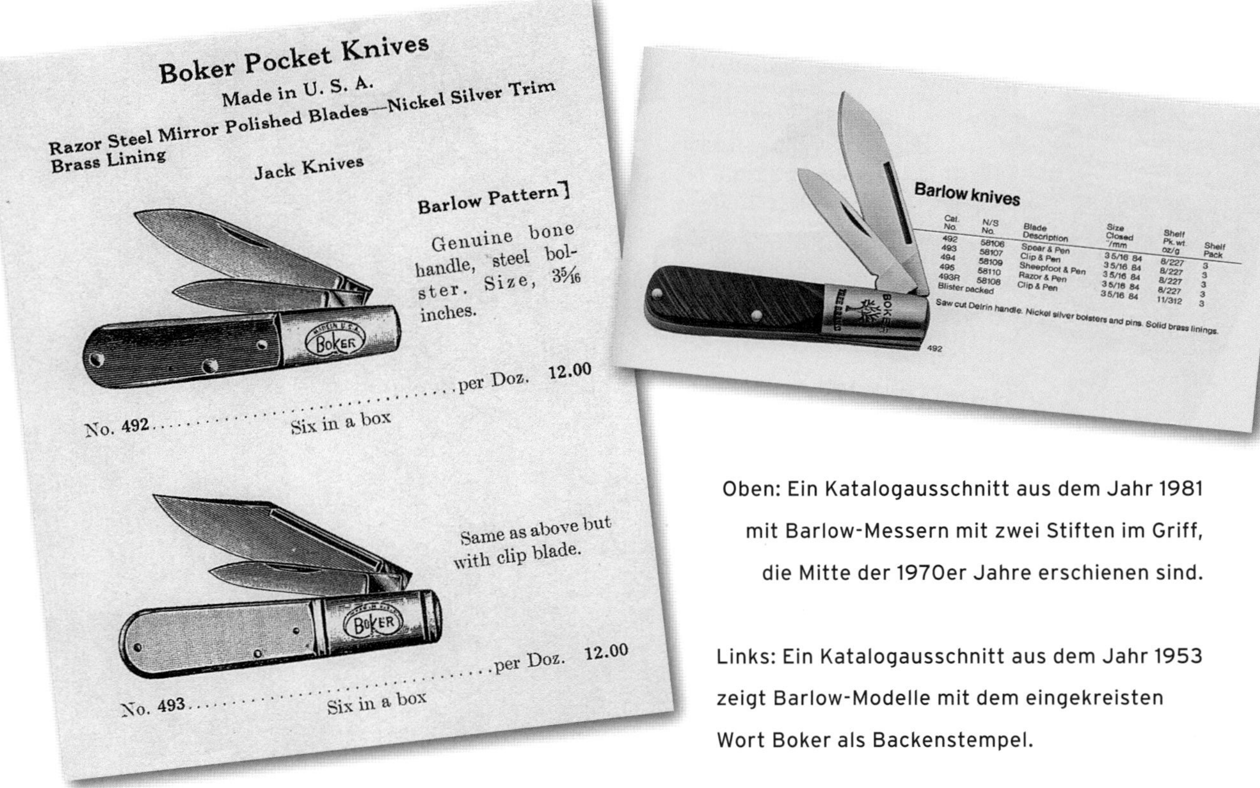

Boker Pocket Knives
Made in U. S. A.
Razor Steel Mirror Polished Blades—Nickel Silver Trim
Brass Lining

Jack Knives

Barlow Pattern

Genuine bone handle, steel bolster. Size, 3 5/16 inches.

No. 492......................per Doz. 12.00
Six in a box

Same as above but with clip blade.

No. 493......................per Doz. 12.00
Six in a box

Barlow knives

Cat. No.	N/S No.	Blade Description	Size Closed "/mm	Shelf Pk. wt. oz/g	Shelf Pack
492	58106	Spear & Pen	3 5/16 84	8/227	3
493	58107	Clip & Pen	3 5/16 84	8/227	3
494	58109	Sheepfoot & Pen	3 5/16 84	8/227	3
495	58110	Razor & Pen	3 5/16 84	8/227	3
493R Blister packed	58108	Clip & Pen	3 5/16 84	11/312	3

Saw cut Delrin handle. Nickel silver bolsters and pins. Solid brass linings.

492

Oben: Ein Katalogausschnitt aus dem Jahr 1981 mit Barlow-Messern mit zwei Stiften im Griff, die Mitte der 1970er Jahre erschienen sind.

Links: Ein Katalogausschnitt aus dem Jahr 1953 zeigt Barlow-Modelle mit dem eingekreisten Wort Boker als Backenstempel.

In den Katalogen wurden in dieser Zeit nur drei Modelle aufgeführt: 492, 493 und 494. Dass 492 besaß eine Spearpoint-Hauptklinge mit einem kleinen Nagelhau, während das 493 eine Clip-Point-Klinge mit langem Nagelhau und das Modell 494 eine Schaffuß-Hauptklinge aufwies. Die Knochen-Griffschalen waren glatt oder gesägt. Die Backen waren aus Eisen geferftigt, die Platinen jetzt aus Messing. Die geschlossene Länge, wie sie in den Katalogen aufgeführt war, betrug 8,4 Zentimeter. Im allgemeinen hatte das Modell 492 mit Spearpoint-Klinge glatte Backen, während das Modell 493 mit der Clip-Point-Klinge geriffelte Backen besaß. Es gab jedoch Ausnahmen von dieser allgemeinen Regel.

Der Baum, der sich früher auf dem Ricasso befand, war nun auch verschwunden. Nur die Modellnummer schmückte die Klinge des Barlow-Messers. Diese Tradition setzte sich fort, bis Boker die Herstellung von Barlow-Messern in den Vereinigten Staaten einstellte. Als man in Solingen die Herstellung von Barlow-Messern wieder aufnahm, wurde die

Eine limitierte Auflage des Barlow-Musters ist dieses 1983er „Farmboy"-Messer mit relativ hellen Palisander-Griffschalen.

Beschriftung des Ricassos auf die traditionelle Bezeichnunbg Heinrich Böker umgestellt.

1960 kehrte auch die alte Marke „Tree Brand“ auf die Backen der Böker-Barlow-Messer zurück. Die Messer der 1960er und 1970er Jahre sind mit am schwierigsten zu datieren. Es gibt geringe Unterschiede bei den Backenprägungen, doch das ist keine exakte Wissenschaft. Versuche wurden unternommen, um verschiedene Messer den Kennzeichnungen in alten Messerkatalogen zuzuordnen. Jedoch wurden in einigen Fällen scheinbar alte Messerabbildungen in den Katalogen wiederverwendet, obwohl mittlerweile einige kleinere Änderungen an den Messern vorgenommen worden waren. In diesem Zeitraum wurden mindestens sieben verschiedene Baumstempel verwendet, mit jeweils feinen Unterschieden, wie der Anzahl der Baumwurzeln und der Form der Äste. Diese Details müssen mit anderen Hinweisen wie Griffmaterial und der Anzahl der Stifte für die Griffschalen verglichen werden, um ein vollständigeres Bild zu erhalten. Selbst dann kann man das Herstellungsdatum meist nur auf zehn oder 20 Jahre eingrenzen.

Das Barlow ist bei Böker bis heute in Produktion. Zusätzlich zu den beliebten Modellen 492, 493, 494 und 495 hat Böker das Barlow-Muster für viele limitierte Editionen und Jubiläumsmesser verwendet. 1983 belebte man das Barlow-Modell 202 als limitierte Auflage wieder. Während das Design und die Abmessungen dem alten Muster entsprachen, das seit 50 Jahren nicht mehr hergestellt wurde, waren die Materialien hochwertiger. Dieses Messer in limitierter Auflage besaß Palisander-Griffschalen, Messingplatinen, Stifte und Backen aus Neusilber und Klingen aus feinem Solinger Stahl. Die Produktion war auf 8000 Exemplare begrenzt.

Böker legte auch 1994 das Barlow-Modell als Messer in limitierter Stückzahl. Die Clip-Point-Einzelklinge wurde mit einer modernen Version des Baums verziert, und die Zeitangabe 1869–1994 umrahmte den Stamm des Baums. Das Messer zeigte auch ein Bild der alten Solinger Produktionsstätte, darunter stand „125 Years of Boker Tree Brand“. Dieses Modell in limitierter Auflage wurde für das 125-jährige Jubiläum der Böker Messermanufaktur in Solingen gefertigt.

Ab 1995 verwendete Böker auch das Einzelklingen-Barlow-Modell in einer Fünf-Messer-Serie für amerikanische Jäger. Sie besaßen eine Clip-Point-Klinge und polierte Griffschalen aus Palisander, Eiche oder Mahagoni. Auf den Klingen wurde eine Jagdszene der entsprechenden Tierart geätzt. Die Backen wurden ebenfalls mit der Tierart und der Seriennummer darunter gestempelt.

1995: Deer Hunter (Hirsch)
1996: Turkey Hunter (Truthahn)
1997: Bear Hunter (Braunbär)
1998: Bird Hunter (Vogel)
1999: Rabbit Hunter (Hase)

OLDE STAG
BOKER
SOLINGEN
GERMANY

Congress-Messer
Das Präsidenten-Modell

Es wird angenommen, dass das Congress-Modell erstmals Anfang des 19. Jahrhunderts erschienen ist. Man geht davon aus, dass die ersten Congress-Messer in Sheffield in England hergestellt wurden. Wahrscheinlich waren die Kunden für dieses Messer die Tabak- und Baumwollfarmer im Süden der USA. Das ist sehr wahrscheinlich, da die gängigsten Congress-Modellmesser entweder zwei Schaffuß-Klingen oder eine Schaffuß- und eine Tabakklinge besitzen. Diese Messer erwiesen sich in der Baumwoll- und Tabakbranche als besonders nützlich.

Diese Tatsache macht das Congress-Muster außergewöhnlich, da es sich um ein regionales Modell handelt. Der große, geschwungene Griff erwies sich auch beim Schnitzen als komfortabel. So wurde oft eine sogenannte Coping-Klinge mit gerader Schneide als kleine Zweitklinge hinzugefügt, die die Federklinge ersetzte. Sie war bei Holzarbeiten praktisch.

Eines der berühmtesten Congress-Messer ist das Sechsklingen-Modell, das Abraham Lincoln bei sich trug. Präsident Lincoln galt als begeisterter Schnitzer. In der Nacht, in der er ermordet wurde, trug er ein Congress-Messer in seiner Tasche.

Böker fertigte Congress-Messer in Solingen und den USA. Kataloge belegen, dass Böker mindestens schon 1898 Messer vom Congress-Typ herstellte. Fast sicher ist aber, dass das Unternehmen diese schon lange vor diesem Datum produzierte. Böker stellt auch heute noch Congress-Messer her, und sie sind nach wie vor eines der elegantesten und nützlichsten Messer aller Zeiten.

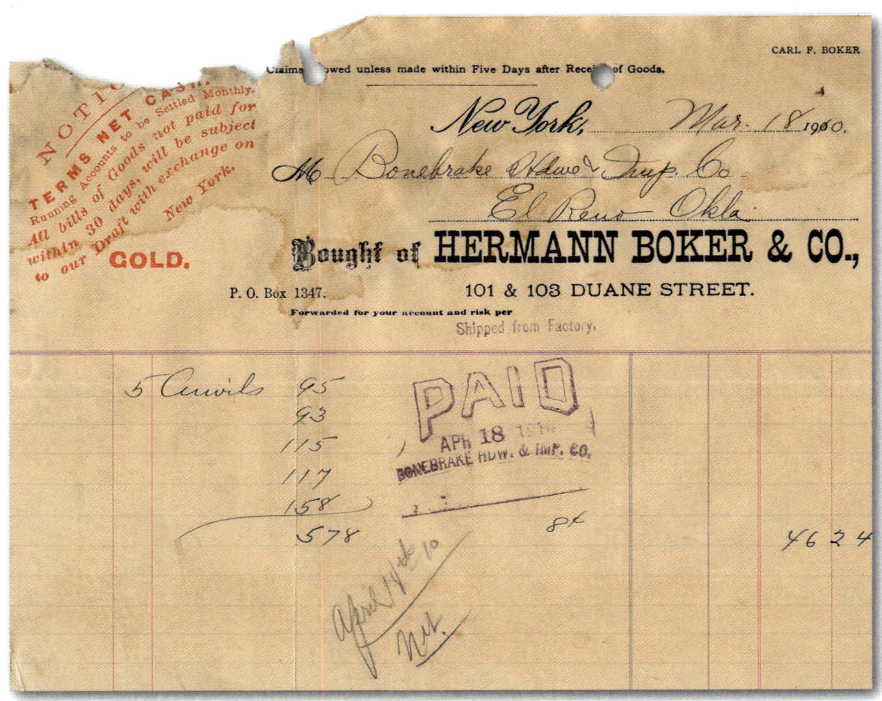

CARL F. BOKER

Claims … unless made within Five Days after Rece… of Goods.

NOTICE. TERMS NET CASH. Running Accounts to be Settled Monthly. All bills of Goods not paid for within 30 days, will be subject to our Draft with exchange on New York.

GOLD.

New York, Mar. 18 1900.

M Bonebrake Hdwe & Imp. Co
El Reno Okla

Bought of HERMANN BOKER & CO.,

P. O. Box 1347. 101 & 103 DUANE STREET.

Forwarded for your account and risk per
Shipped from Factory.

5 Anvils 95 93 115 117 158 578

PAID
APR 18 1910
BONEBRAKE HDW. & IMP. CO.

4624

Eine Rechnung mit dem Vermerk „bezahlt" von Hermann Boker & Co. vom 18. März 1900.

Schöne Beispiele für historische Böker-Congress-Messer finden sich immer noch mit Griffschalen aus Hartgummi, glattem oder gefrästem Knochen, Hirschhorn, Delrin, Perlmutt und vielen verschiedenen Arten von Zelluloid und Pyralin. Während die meisten traditionell mit zwei Schaffuß- und zwei Federklingen ausgestattet waren, finden sich auch Exemplare mit einer Schaffuß- und einer Tabakklinge. Einige der kleineren Congress-Messer waren auch mit einem Maniküreblatt (Nagelfeile) anstelle der zweiten Schaffuß-Klinge bestückt.

Das legendäre Congress-Messer mit abgestuften Backen

Das vielleicht prototypischste und am leichtesten erkennbare Böker-Taschenmesser ist das Congress mit abgestuften Backen. Es ist eines der wenigen Messermodelle, die in den USA über fast ein Jahrhundert kontinuierlich hergestellt wurden. Solingen fertigte mehrere Congress-Messer, stellte aber erst nach der Einstellung der Boker-US-Messerproduktion im Jahr 1984 das Congress-Messer mit abgestuften Backen her. Danach produzierte Böker in Solingen das Congress-Messer mit abgestuften Backen zunächst für United Boker und produziert es seitdem bis heute weiter. Das Congress-Messer mit den Stufen-Backen ersetzte auch das Congress mit geriffelten Backen, das in den 1950er bis 1970er Jahren in Solingen hergestellt worden war.

Das Modell 6113 war eines der ersten Congress-Messer mit abgestuften Backen, das um 1905 in den US-Messerkatalogen erschien. Dieses Messer wurde mit einer geschlossenen Länge von 8,9 Zentimetern und vier Klingen (zwei große Schaffuß-Klingen und zwei Federklingen) aufgeführt. Laut der Beschreibung war die Beschalung aus Hirschhorn gefertigt. Das Messer wurde mit einem geschwungenen rechteckigen Schild abgebildet.

Das Modell 6113 wurde bis etwa 1970 kontinuierlich und unverändert hergestellt. Im Katalog von Wiss/Boker 1972 wurde es in „verbesserter Hirschhornbeschalung" gezeigt. Das war die übliche Bezeichnung für Delrin-Kunststoff. Um 1976 wurde das legendäre Congress mit den abgestuften Backen in die „Olde Stag"-Serie aufgenommen. Für diese Serie wurden die Griffschalen auf ein Material umgestellt, das Boker 1976 als „Del-Bone" schützen ließ. Es handelte sich um ein Hirschhorn-Imitat, ebenfalls aus Delrin, das gefärbt und geformt wurde, um dem natürlichen Hirschhorn zu ähneln. Das runde Baum-Schild, das in den frühen 1970er Jahren verwendet wurde, wurde durch eines mit der Aufschrift „Olde Stag" ersetzt. Auch die Musternummer wurde von 6113 auf 70113 geändert, da die Modellnummern aller Messer der Olde-Stag-Serie mit „70" begannen.

Die beiden Schwestermodelle des 6113 Congress im Jahr 1910 waren das Modell 6114 mit Perlmutt-Griffschalen und das beliebte preiswerte Modell 6189 mit Hartgummigriff. Das 6189 wurde bis zum Zweiten Weltkrieg kontinuierlich produziert. Im frühen 20. Jahrhundert fertigte Böker

Vier Modelle mit abgestuften Backen von 1984 bis 2009 mit unterschiedlichen Klingenätzungen und Griffmaterialien.

auch das Muster 6189W, bei dem anstelle des rauen Hartgummis weiße Knochen-Griffschalen verwendet wurden. Im Jahr 1928 zeigte der Messerkatalog der H. Boker & Company die Rückkehr eines Congress-Messers mit abgestuften Backen und Perlmutt-Griff, jedoch mit einer neuen Musternummer: 7405.

Katalognachweise in den 1950er und 1960er Jahren sind für diese Modelle eine Seltenheit, aber man kann mit einiger Sicherheit annehmen, dass H. Boker dieses beliebte Messer mit Griffschalen aus Jigged Bone oder Hirschhorn weiterhin produzierte. Obwohl die Kataloge aus diesen zwei Jahrzehnten heute rar sind, weiß man, dass Boker die John Primble-Messer für Belknap Hardware hergestellt hat. In den Belknap-Katalogen der 1950er und 60er Jahre finden sich mehrere Beispiele für John-Primble-Congress-Messer mit abgestuften Backen. Die von Boker produzierten Primble-Congress-Modelle wurden im Katalog mit der Modellnummer 5514S aufgeführt. Primble-Messer, die von Boker gefertigt wurden, sind durch einen Stern auf der Vorderseite des Ricassos, unterhalb der Modellnummer, zu erkennen.

Mitte der 1950er Jahre gab Boker USA die Verwendung der traditionellen rechteckigen Schilder auf den Griffen langsam auf. Stattdessen wurden die heute üblichen runden Embleme verstärkt eingesetzt. Die Schilder zeigten nur die Baummarke aus den 1950er Jahren, bis dann 1976 das eingetragene Markensymbol hinzugefügt wurde.

In den 1970er Jahren, unter dem Dach von J. Wiss and Sons, bildeten die Kataloge weiterhin das Modell 6113 mit „verbessertem Hirschhorn" ab. Eine große Veränderung, die in diese Zeit fällt, war der Austausch einer der beiden Schaffuß-Klingen durch eine Spearpoint-Klinge. Die beiden kleinen Federklingen blieben unverändert. Die hochglanzpolierten Klingen wurden mit einer „Tree Brand"-Ätzung verziert, mit dem Baum in der Mitte. Das blieb so bis 1984, als die US-Produktion eingestellt wurde.

Kurze Zeit später prodzierte H. Böker in Solingen erstmals das Congress-Messer mit abgestuften Backen. Für United Boker enstanden in den folgenden zehn Jahren Congress-Messer mit verschiedenen Griffmaterialien. 1990 wurde – neben den für United Boker gefertigten Modellen – als einziges Congress-Messer mit abgestuften Backen das 70113 „Olde Stag" angeboten. Die Klingenätzung „Tree Brand" wurde beibehalten.

Böker fügte 1994 das 70113T hinzu. Dieses Modell war das Standard-Congress mit Griff aus Schildpatt-Imitat. Hier wurde kein Schild angebracht. Böker beendete die Produktion des 70113T im Jahr 1999.

Im Jahr 2006 wurden zwei neue Congress-Modelle mit abgestuften Backen eingeführt: Beim ersten kam ein wunderschöner und viel realistischerer Griff aus Schildpatt-Imitat zum Einsatz (Modell 70113 TOR). Das zweite war das spektakuläre 70113HHH mit traditionellen Kohlenstoffstahlklingen und echtem Hirschhorn-Griff. Dieses Modell wurde drei Jahre lang produziert.

2008 wurde zum letzten Mal ein Congress mit stufigen Backen in einem Böker-Katalog abgebildet. Während der über 100-jährigen Produktion wurde dieses Congress-Modell mit einer Vielzahl von Griffmaterialien hergestellt. Die beiden Schaffuß-Klingen wurden Mitte der 1960er Jahre durch eine einzelne Schaffuß- und eine Spearpoint-Klinge ersetzt. Die Produktion in den USA wurde 1984 eingestellt, danach in Solingen erneut aufgenommen und 2008 wieder eingestellt. Die schön gegossenen und polierten abgestuften Backen, die dieses Modell als traditionelles Böker-Messer identifizierten, wurden niemals verändert.

Das Congress-Messer mit gerillten Backen aus Solingen

Belege für Böker-Congress-Messer mit gerillten Backen sind in der Literatur der frühen 1900er Jahre zu finden. Von 1913 bis 1928 wurden vor allem zwei Modelle hergestellt: Das Modell 5960 wurde 1913 im Katalog abgebildet, mit einer Schaffuß-, einer Manikür- und zwei Federklingen. Die Griffbeschalung bestand aus Hirschhorn, es wurde ein geschwungenes rechteckiges Schild verwendet.

Die geriffelten Backen wurden laut Katalog aus „poliertem Stahl" gefertigt. Das Modell 6597 wurde in den Jahren 1913 bis 1928 hergestellt und als 8,6 Zentimeter (3 3/8 Zoll) lang beschrieben. In den ersten Jahren wurde es mit zwei Schaffuß- und zwei Federklingen dargestellt. Später wurde es als Messer mit einer Schaffuß-, einer Tabak- und zwei Federklingen aufgeführt.

Danach scheinen Congress-Messer mit gerillten Backen bis nach dem Zweiten Weltkrieg aus den Katalogen verschwunden zu sein. Erst in den 1950er Jahren produzierte das Solinger Werk wieder hochwertige Messer für den Export auf den amerikanischen Markt. 1955 machten sich zwei auffallend schöne Congress-Messer von Solingen auf den Weg bis an die US-Küste (die Modelle 5464 und 5474). Das Modell 5464, das mittelgroße Congress-Messer, war das kleinere der beiden. Es war 9,5 Zentimeter

Das Congress-Messer oben ist ein mittelgroßes, 9,5 Zentimeter langes Modell mit abgestuften Backen. Das untere Congress ist ein großformatiges, 10,8 Zentimeter langes Exemplar mit gerillten Backen.

lang, hatte zwei Schaffuß-Klingen und zwei Federklingen. Die Hauptklinge wurde mit dem „Tree Brand“-Logo matt geätzt. Die Knochen-Griffschalen im Hirschhorn-Look wurden mit einem bogenförmigen, rechteckigen „Tree Brand“-Logo verziert. Das größere Modell 5474 war 10,2 Zentimeter lang, aber ansonsten identisch – mit der Ausnahme, dass es eine Schaffußklinge, eine Spearpointklinge und zwei Federklingen aufwies.

Beide Modelle wurden bis 1972 unverändert produziert. Dann wurde eine der kleinen Klingen durch eine Coping-Klinge ersetzt. Auch die wunderschön gestalteten Jigged-Bone-Griffschalen wurden durch solche aus dunkel gefärbtem Delrin ersetzt. Die matt geätzte Hauptklinge und das bogenförmige Schild blieben erhalten.

Die nächste große Veränderung kam in den 1980er Jahren. Das größere, 10,2 Zentimeter lange Modell 5474 wurde aus dem Programm genommen. Mit dieser Veränderung ging eine weitere einher: Die Rillen, die seit Mitte der 1950er Jahre die Backen des Modells 5464 verziert hatten, wurden entfernt. Das mittelgroße Congress-Messer aus Solingen wurde weiterhin hergestellt, nun aber mit glatten Backen.

Das Modell 5464 erlebte 1990 eine weitere große kosmetische Veränderung, als die Griffschalen aus Delrin-Hornimitat durch karamellfarbenen, gefrästen braunen Knochen ersetzt wurden. Zusätzlich wurde das bogenförmige Banner-Schild durch das runde Solingen-Schild ersetzt.

Das Modell 5464 ist inzwischen zu einem viel genutzten Standard für Böker geworden. Dieses Modell wird noch heute hergestellt und ist mit verschiedenen Griffmaterialien wie Palisander, Schildpatt-Zelluloid und Knochen-Griffschalen mit modernen Mustern wie „Grand Canyon" und „Appaloosa" ausgestattet.

Bökers größtes Congress-Messer: das Modell 5974

Ein weiteres häufig gesehenes und leicht wiedererkennbares Congress-Messer von Böker ist das große Modell 5974. Mit einer Länge von 10,8 Zentimetern ist es das größte Congress-Modell des Hauses. Dieses um 1910 eingeführte Modell wurde fast 70 Jahre ohne wesentliche Änderungen produziert. Im Laufe der Jahrzehnte wurden bei den Ricasso-Stempelungen und Klingenätzungen kleine Änderungen vorgenommen. Zudem wurde „Boker" in das rechteckige Schild eingeprägt. Um 1940 wurde die H. Boker & Co's Improved Cutlery"-Prägung durch „Boker USA" ersetzt. Es ist anzunehmen, dass der „Boker"-Schriftzug irgendwann in den 1950er oder 1960er Jahren dem rechteckigen Schild hinzugefügt wurde, um die großen Congress-Messer von den großen John-Primble-Congress-Modellen zu unterscheiden, die von Boker in dieser Zeit hergestellt wurden.

Die einzige größere Veränderung erfolgte in den 1970er Jahren mit der Umstellung von Knochen-Griffschalen auf Hirschhorn-Imitat. Mit dieser Änderung wurde auch das ausgefallene rechteckige Schild durch das ikonische runde „Baum"-Schild ersetzt. Es ist nicht bekannt, ob die Produktion des Modells 5974 in Statesboro, Georgia, fortgesetzt wurde. Aber über die Zeitspanne von fast 70 Jahren wurden Zehntausende des großen

Full Size Illustrations.

Tree Brand Pocket Knives

No. 6006—Four Blade Congress. Patent Stag, Brass Lined, 3¾ inches, Sheep Foot Blade.......... Per dozen. $20.00

Das sogenannte Rattenschwanz-Congress, Modell Nr. 6006, aus einem Katalog von 1910.

Congress-Modells in Maplewood, New Jersey, produziert. Viele Exemplare des Modells 5974 wurden ab 1984 auch in Solingen hergestellt. Die Solinger Messer waren der amerikanischen Version sehr ähnlich, aber das einfache runde Schild wurde abgeändert und durch ein bogenförmiges rechteckiges Schild mit einem runden Mittelstück und einem Baumzeichen ersetzt.

Die Produktion von Bökers größtem Congress-Messer endete kurz nach 1990. Da jedoch so viele Messer dieses Musters im Laufe der Jahre gefertigt wurden, sind viele immer noch zu einem angemessenen Preis zu finden. Die Schwierigkeit liegt darin, festzustellen, wann ein bestimmtes Exemplar hergestellt wurde.

Das 6006 Congress mit „Rattenschwanz"-Backen

Das Modell 6006 Congress ist insofern einzigartig, als dieses Modell nur in den USA produziert wurde. Seit Boker USA 1984 die Produktion einstellte, wurde das 6006er Congress nie wieder aufgelegt. Die frühesten bekannten Katalognachweise für dieses Congress-Modell finden sich im Jahr 1910. Damals wurde dieses 9,5 Zentimeter lange Modell als Messer

200th Anniversary of our Constitution
BOKER LIMITED EDITION KNIFE
BÖKER
SOLINGEN
GERMANY
4446

mit einem „patentierten Hirschhorngriff“, einem Neusilberschild, polierten Stahlhohlbacken und Messingplatinen beschrieben. Es hatte eine große Schaffuß-Klinge, eine Tabak-Klinge und zwei kleine Federklingen. 1925 wurde es nicht mehr mit einer Tabak-Klinge, sondern mit zwei Schaffuß-Klingen dargestellt. Dieses Modell blieb bis etwa 1955 unverändert.

Die Änderung nach 1955 war der Ersatz des rechteckigen Schilds durch eine runde Version, die das Baumzeichen-Logo enthielt. Die nächste große Veränderung erfolgte 1962, als die Griffbeschalung aus Jigged Bone durch Delrin ersetzt wurde. Dieses Kunststoffmaterial war von so hoher Qualität und so fachmännisch gefärbt, dass man sehr genau hinsehen muss, um es von authentischen Jigged-Bone-Griffen zu unterscheiden. Im Laufe der Zeit nahm die Qualität des Delrin-Färbeprozesses jedoch ab, und die Congress-Exemplare des Modells 6006 in den 1970er und 1980er Jahren waren von geringerer Qualität als ihre Vorgänger.

Obwohl dieses mittelgroße Congress-Messermodell sehr bequem in der Tasche zu tragen war, wurde die Produktion 1984 eingestellt, als die Cooper Tool Group die Messerproduktion in den USA beendete.

Linke Seite:
Böker zelebrierte 1987 den 200. Jahrestag der amerikanischen Verfassung mit diesem Congress-Modell mit Knochen-Griffschalen.

Gentleman-Messer

Elegante Begleiter für den Herrn

Im Laufe der Zeit haben großartige Messer auf der ganzen Welt immer wieder große Aufgaben erfüllt. Doch war es das kleine Messer, das zum persönlichen Begleiter wurde. Kleine Klappmesser werden oft allgemein als Gentleman-Messer oder Federmesser bezeichnet und sind in endlosen Ausführungen erhältlich, die eine oder mehrere Klingen beinhalten können. Es gibt keine spezifischen Modelle oder gar Größen für ein Gentleman-Messer, aber es ist allgemein gültig, dass sie schlank sind und die Grifflänge normalerweise unter neun Zentimetern liegt.

Das Wort „Federmesser" stammt von „Federkielmesser", das ursprünglich vor Jahrhunderten entwickelt worden war, um die Enden von Federkielen zu schärfen, die nach dem Eintauchen in Tinte als Schreibgerät verwendet wurden. Diese Feder- oder Federkielmesser hatten kleine Klingen, die sich gut für feinere Aufgaben eigneten. Auch wenn Federkielmesser Mitte des 19. Jahrhunderts veraltet waren, waren Taschenmesser mit kleinen Klingen weiterhin zur Ausführung anderer Aufgaben beliebt. Viele dieser kleinen Klappmesser waren oft sehr ausgefallen und mit teuren Materialien wie Perlmutt, Elfenbein, Schildpatt, Sterlingsilber und Gold gefertigt. Sie wurden manchmal an einer Kette mit einer feinen Taschenuhr am anderen Ende befestigt und in einer Westentasche getragen.

Der früheste bekannte Stempel, der von Hermann Böker verwendet wurde, war „H. & R. Böker Remscheid Cast Steel" (Hermann & Robert Böker) und wird auf etwa 1837 bis 1860 datiert. Aus dieser „H. & R."-Ära gibt es nur sehr wenige Messerexemplare, und die meisten davon sind norma-

Rechte Seite oben: „Senator Knife" – ein 8,3 cm langes 3-Klingen-Whittler-Modell mit Horngriff. Backen und Schild bestehen aus Neusilber mit Griffstiften aus Stahl. Der Klingenstempel lautet „H & R Boker Remscheid Cast Steel". Ungefähres Alter: 1845-1860.

Rechte Seite unten: Ein Swell Center Congress. Das 8,9 cm lange 4-Klingen-Modell besitzt Griffschalen aus Elfenbein. Backen, Schild und Griffstifte bestehen aus Neusilber. Der Klingenstempel lautet „H. Boker's Improved Cutlery". Ungefähre Entstehung: 1860-1890.

lerweise kleine Gentleman-Taschenmesser. Zu diesen frühen Modellen gehört eine sehr interessante dreiklingige Whittler-Variante, ein ungewöhnliches altes Modell. Der nächstgelegene moderne Name für dieses spezielle Messer wäre ein „Swell Center Congress", ein Congress-Messer, dessen Griff in der Mitte fülliger ist, also „anschwillt". Ein weiteres einzigartiges Merkmal ist die auf der Hauptklinge längs verlaufende Prägung, die „Senator's Knife" lautet. Obwohl ein Senator-Messer generell ein kleines Gentleman-Messer ist, findet man selten eines mit einem Senator-Stempel oder einer Ätzung auf einer Klinge. Böker produzierte dieses Modell bis Anfang des 20. Jahrhunderts weiter, aber der Stempel „Senator" war schon lange zuvor verschwunden.

Die Mitte des 19. Jahrhunderts stellte in ganz Europa einen echten Wendepunkt für Schneidwaren dar, sowohl was die Ästhetik als auch das Handwerk betraf. Das war vor allem auf die erste Weltausstellung 1851 mit dem Namen „Crystal Palace Exhibition" in London, England, zurückzuführen. Diese große Messe lud Hersteller und Händler aller Produkte aus der ganzen Welt ein, ihre besten Waren zu präsentieren. Für jedes Unternehmen wurde das zu einer Herausforderung, die bestmöglichen Produkte herzustellen.

Viele der besten Schneidwarenfirmen aus Europa stellten aus, und einige gewannen Medaillen oder ehrenvolle Erwähnungen für die besten Artikel. Obwohl nicht bekannt ist, ob H. Böker auf der Ausstellung 1851 Schneidwaren ausstellte, gewann das Unternehmen doch eine Medaille für verschiedene Eisenwarenartikel. Böker stellte Taschenmesser und Scheren auf der Weltausstellung 1876 in Philadelphia, USA, aus. Diese galt als „sehr schöne Ausstellung von Taschenmessern und Scheren, die aus feinstem Stahl gefertigt wurden und sich für die hohe Fertigungsqualität auszeichnen". Böker hat in der zweiten Hälfte des 19. Jahrhunderts Zeichen gesetzt und positive Kritiken für seine Messer erhalten.

Als der Unternehmensname „H. & R. Böker" 1860 gelöscht wurde, kamen in den folgenden Jahrzehnten verschiedene Böker-Stempel zum

SENATORS KNIFE

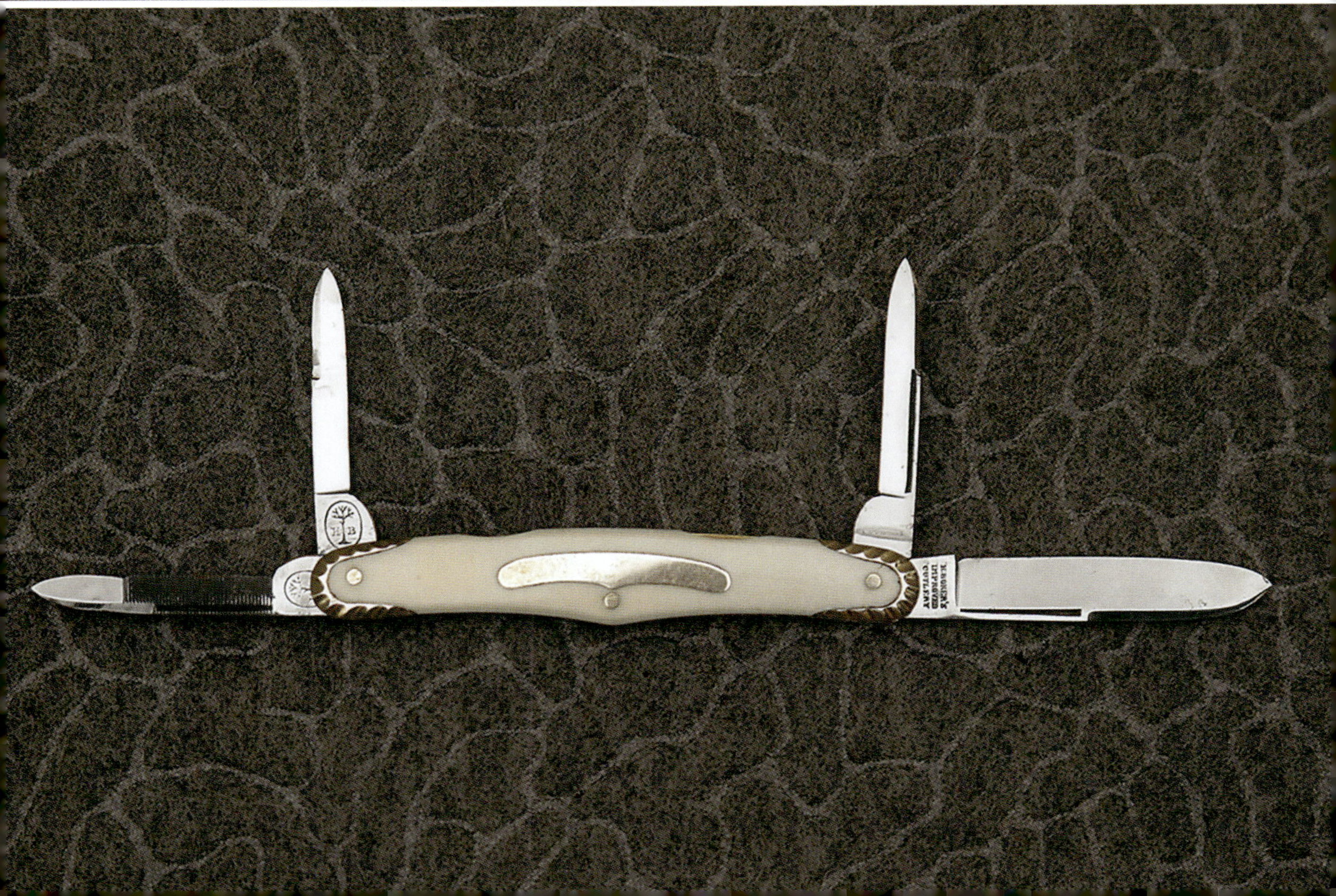

Boker's Brand
Masonic Knife

Einsatz, darunter „R & H Boker's Improved Cutlery", „Henry Boker's Improved Cutlery", „Henry Boker Solingen" und „H. Boker's Improved Cutlery".

Während für Böker (so wie für die meisten anderen Schneidwarenfirmen) vor Ende des 19. Jahrhunderts so gut wie keine Literatur existiert, zeigen Katalogausschnitte von 1898 viele wunderbare und vielfältige Klappmesser, darunter mehrere Gentleman-Modelle. Zu den Taschenmessern aus dem Katalog von 1898 gehören drei wunderschöne Gentleman-Exemplare, die alle die „H. Boker & Co's Improved Cutlery"-Prägung auf dem Ricasso tragen. Das erste davon ist ein mit drei Klingen bestücktes Whittler mit Aluminiumgriff und wunderbar detailliert auf den Griffschalen aufgeprägten Wörtern und Grafiken. „Boker's Brand" mit dem berühmten Baumlogo auf der Rückseite des Griffs ist von einer schönen Blatt-Verzierung umgeben. Die Vorderseite des Griffes trägt die Aufschrift „Masonic Knife" (deutsch: Freimaurermesser) mit dem Freimaurersymbol dazwischen. Es wird ebenfalls durch eine Verzierung mit Blättern eingerahmt.

No. 5956 Pearl Handle

No. 5956. Three Blades, and Glove Buttoner, Brass Linings, German Silver Trimmings, Crocus-Polished Blades.........Per Dozen $24.00

No. 6219 Pearl Handle

No. 5598 Pearl Handle

No. 6219. Brass Linings, German Silver Trimmings, Full Crocus Polished Blades.........Per Dozen $48.00

" 5598. German Silver Linings, German Silver Trimmings, Full Crocus-Polished Blades... " 64.00

All one-half dozen in a box.

Linke Seite oben: Ein 8,3 cm Freimaurer-Modell mit Griffschalen aus Aluminiumguss und Stiften aus Stahl. Es besitzt zwei Klingen, auf denen sich die Prägung „H. Boker's Improved Cutlery" befindet. Ungefähre Entstehung: 1890er Jahre bis 1905.

Linke Seite unten: Ein 7,3 cm langes Mehrklingen-Modell mit echten Perlmutt-Griffschalen. Es umfasst 6 Klingen/Werkzeuge. Die Backen, das Schild und die Stifte bestehen aus Neusilber. Der Klingenstempel lautet „H. Boker & Co's Improved Cutlery". Ungefähre Entstehung: 1890er Jahre bis 1914.

Links: Die Katalogabbildung von 1910 zeigt drei Modelle mit Perlmutt-Griffschalen.

Rechts: Die Katalog-Abbildung von 1908 zeigt das hundeförmige Modell mit Perlmuttgriff.

Rechte Seite oben: 6,4 cm langes Hunde-Messer mit 5 Klingen/Werkzeugen. Mit echten Perlmutt-Griffschalen und einer Halskette aus Neusilber. Der Klingenstempel lautet „H. Boker's Improved Cutlery". Entstehungszeit: 1890 bis 1908.

Rechte Seite unten: Ein 8,3 cm langes symmetrisches Modell mit Knochen-Griffschalen und 2 Klingen. Backen, Schild und Stifte aus Neusilber. Der Klingenstempel lautet „H. Boker & Co's Improved Cutlery". Die Federklinge zeigt als Patentdatum den 18. Mai 1909. Entstehung: 1908 bis 1914.

SCISSORS AND CORK SCREW KNIVES.

E392. Fancy carved dog-shape pearl handle 2½ inches long, German silver linings and collar. Has 3 cutting blades, 1 long patent nail file and 1 pair of scissors, all full crocus finish and best quality. A novel as well as a useful knife. Each $5.00

Ein zweites atemberaubendes kleines Klappmesser mit mehreren Klingen, das im Katalog gezeigt wird, ist mit schönem Perlmutt beschalt. Mit sechs Klingen im Griff konnten fast alle persönlichen Anforderungen eines jeden Gentlemans abgedeckt werden. Das Messer enthält zwei Schneidklingen, einen Nagelreiniger/Feile, eine Schere, einen Knopfhaken und einen Korkenzieher – alle nötigen Utensilien, mit denen ein ehrenwerter Mann gepflegt und durstfrei ist. Ein drittes Messer, das im Katalog von 1898 gezeigt wird, ist ein wahrhaft spektakuläres Exemplar, das einen Griff in Form eines liegenden Hundes besitzt, der aus einem massiven Stück Perlmutt gearbeitet wurde.

Hundeförmige Taschenmesser erfreuten sich im späten 19. und frühen 20. Jahrhundert großer Beliebtheit, doch die meisten hatten Griffe aus Metall. Nur sehr wenige wurden mit Perlmuttgriffschalen hergestellt. Das hundeförmige Perlmutt-Gentleman-Messer von Böker hat drei Schneidklingen, einen Nagelreiniger/Feile, eine Schere und eine Kette aus Neusilber, die um den Hals des Hundes liegt. Dieses Messer kann nur von den besten Handwerkern bei Böker hergestellt worden sein.

Zur Wende des 20. Jahrhunderts hatte Boker USA gerade die Valley Forge Cutlery Company (1899) erworben und begann mit der amerikanischen Produktion von Messern mit dem Boker-Stempel. Doch während das US-Werk die Produktion intensivierte, wurden die Messer aus dem deut-

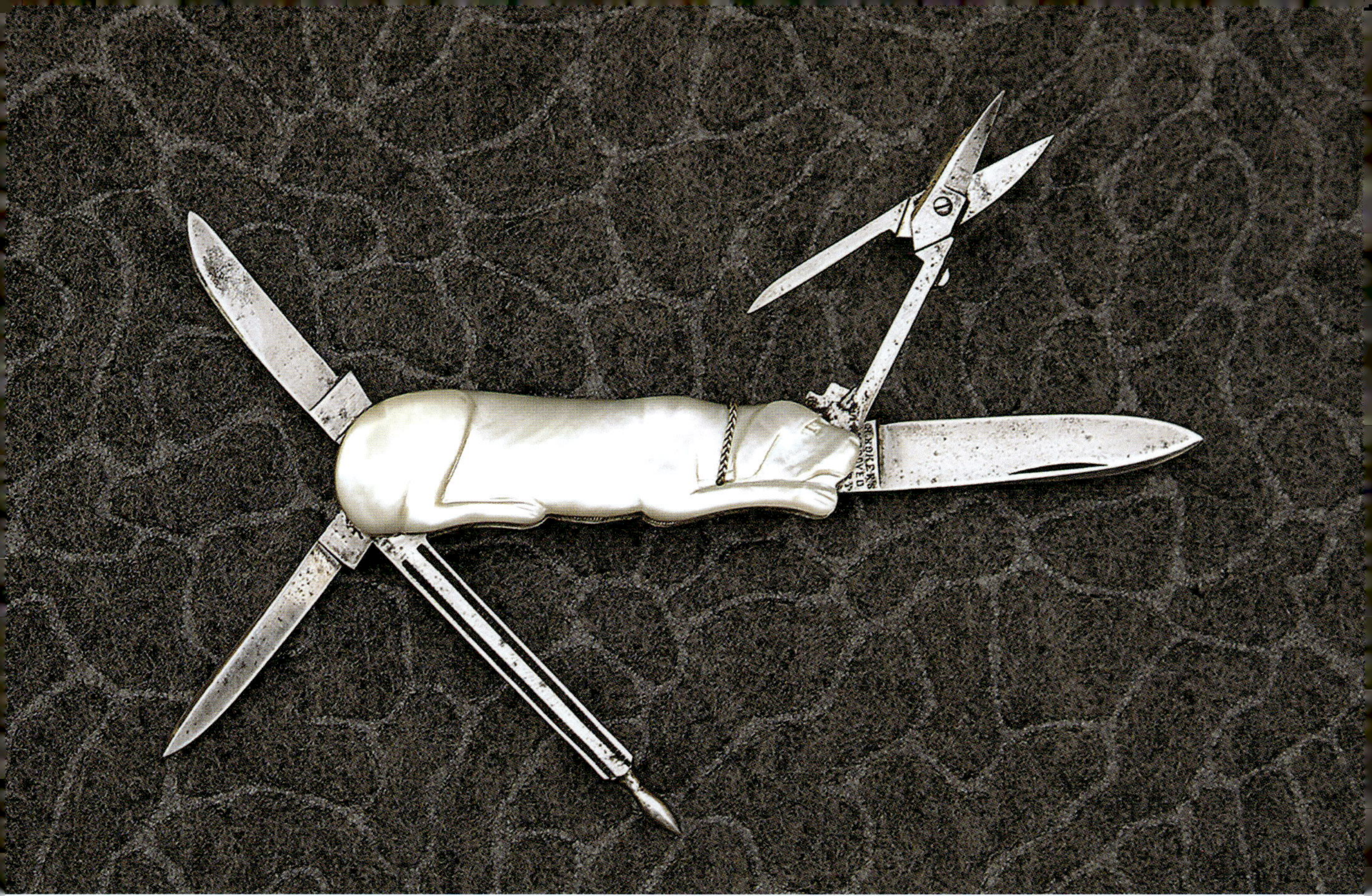

TREE BRAND
PATENTED

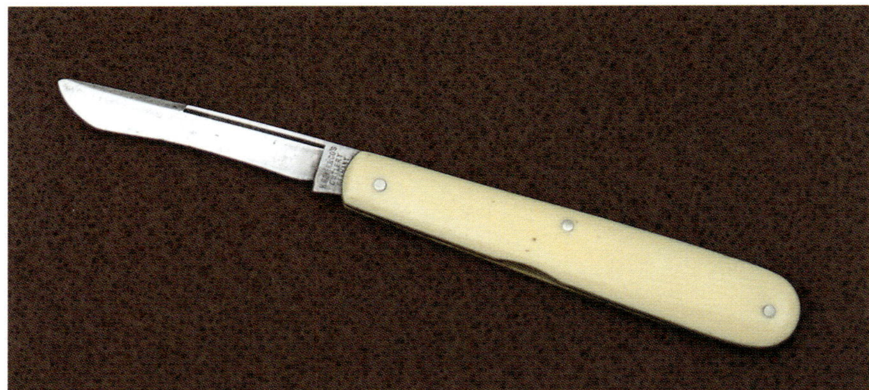

Rechts: Ein Corn Knife (Hühneraugenmesser), 8,3 cm lang, mit Zelluloid-Griffschalen. Der Klingenstempel lautet „H. Boker & Co's Cutlery Germany". Gefertigt zwischen 1901 und 1914.

Rechte Seite oben: Ein 8,9 cm langes Modell mit echten Hirschhorn-Griffschalen, 2 Klingen und einer Schere. Backen und Stifte sind aus Neusilber gefertigt. Der Klingenstempel lautet „H. Boker & Co. Solingen Germany". Ungefähre Entstehungszeit: 1891-1944.

Rechte Seite unten: Das Half Congress-Modell 5252 (8,3 cm), mit 2 Klingen und Delrin-Griffschalen. Backen, Schild und Stifte bestehen aus Neusilber. Der Klingenstempel lautet „Boker Solingen Germany". Produktion: 1976-1984.

schen Werk weiterhin in großer Zahl über amerikanische Distributoren vertrieben. Man verwendete die Prägung „H. Boker & Co's Improved Cutlery" auf beiden Serien, denen aus Deutschland und den USA. Jedoch zeigten die Exemplare aus Deutschland auch die Stempel „Solingen" und/oder „Germany" neben dem Böker-Stempel auf dem Ricasso.

Ab der Wende zum 20. Jahrhundert wurden mehrere neue Gentleman-Modelle angeboten. Ein Katalog aus dem Jahr 1901 zeigt ein kleines einklingiges „Corn"-Modell zur Behandlung von Hühneraugen (Schwielen) an Händen und Füßen. Ein weiteres cleveres kleines Taschenmesser enthält neben einer Hauptklinge eine kleinere Klinge, die auch einen Kapselheber beinhaltet. Dieses Modell zeigt ein Patentdatum vom 18. Mai 1909, das auf der Klinge neben dem Kapselheber eingeprägt ist.

Während des 20. Jahrhunderts produzierte Böker weiterhin viele Gentleman-Messer. In den 1930er Jahren kam ein Modell mit symmetrischem Griff aus echtem Hirschhorn mit zwei Klingen und einer Schere. An einem Ende befindet sich auch ein Ring, an dem eine Taschenuhr mit einer Kette befestigt werden kann. Das letzte Modell wird als „Half Congress" bezeichnet, weil es nur zwei Klingen hat, während größere Congress-Modelle im gleichen Stil meist vier Klingen aufweisen. Dieses hübsche kleine Gentleman-Klappmesser wurde in den 1970er Jahren hergestellt.

TREE BRAND
5252
BÖKER
SOLINGEN
GERMANY
TREE BRAND

Cattle&Stock-Messer

Die besten Freunde des Cowboys

Die Namen Cattle (Rind) und Stock (Vieh) deuten bereits darauf hin, dass diese Messer für den großen amerikanischen Westen entwickelt worden sind. Sowohl das Cattle- als auch das Stock-Modell erschienen Anfang der 1880er Jahre für den Einsatz in der Viehzucht. In Katalogen aus den Jahren 1885 und 1887 gehörte die englische George Wostenholm Company zu den ersten, die eine kleine Auswahl an Cattle-Messern anbot. Interessanterweise trug die Hauptklinge ihres ersten Modells eine Ätzung mit der Aufschrift „The Real IXL Cattle Knife". Wostenholm bot zur gleichen Zeit ebenfalls Stock-Messer an, deren Griffe eine leichte Schlangenform aufwiesen, die aber nicht als Stock-Messer gekennzeichnet wurden. In den 1890er Jahren wurden sowohl die Cattle- als auch die Stock-Messermodelle von einer Vielzahl von Schneidwarenfirmen aus England, Deutschland und den USA produziert. Bei vielen dieser Messer war „Cattle Knife" auf die Hauptklinge gestanzt oder geätzt.

Cattle-Messer können im Allgemeinen als robuste, rund neun bis zehn Zentimeter lange Modelle mit symmetrischer Griffform und drei Klingen definiert werden. Bei den Klingen handelt es sich üblicherweise um eine

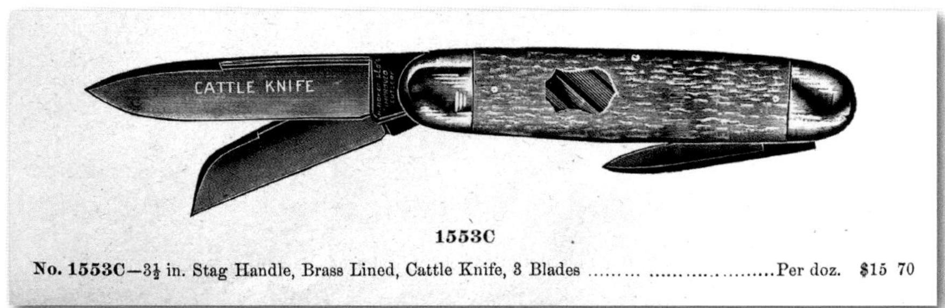

Eine Abbildung aus einem Katalog von 1901 mit einem in Solingen hergestellten Cattle-Messer, das eine „Cattle Knife"-Klingenaufschrift trägt.

Rechte Seite oben: Ein amerikanisches Cattle-Messer aus den 1930er Jahren mit Griffschalen aus Jigged Bone und Neusilberbacken.

Rechte Seite Mitte: Ein in Deutschland gefertigtes S-förmiges Messer mit Ahle aus den 1930er Jahren mit „Boker's Special Stock Knife"-Klingenätzung.

Rechte Seite unten: Ein 10,2 cm großes Delringriff-Modell mit „Premium Stock Knife 7474"-Klingenätzung aus den 1970er Jahren.

Hauptklinge in Spearpoint- oder Clip-Point-Form, die zweite Klinge erscheint in Schaffuß- oder Spearpoint-Form, dazu kommt eine Ahle sowie eine dritte Speyklinge. Die Klingenkonfiguration der Cattle-Messer hat sich im Laufe der Zeit weiterentwickelt. Die frühesten Modelle enthielten keine Speyklingen oder Ahlen. Sie hatten normalerweise eine Haupt-Spearpointklinge zusammen mit einer Schaffuß- und einer Federklinge. Als das Cattle-Messer bei den Ranchern immer beliebter wurde, trat die Speyklinge an die Stelle der Schaffußklinge, da sie für die Kastration von Tieren besser geeignet war. Eine Ahle sprang üblicherweise für die Federklinge ein und diente als gutes Werkzeug für Arbeiten mit Sätteln und Leder. Die Spearpoint- oder Clip-Point-Hauptklinge blieb für allgemeinere Arbeiten erhalten. Cattle-Messer wurden sehr geschätzt und sind meist mit Neusilberbacken und hochwertigem Griffmaterial wie Jigged Bone, Hirschhorn oder Perlmutt zu finden.

Stock-Messer wurden etwa zur gleichen Zeit wie ihre Cattle-Cousins entwickelt und als etwas leichtere Variante angeboten, die hosentaschentauglicher ist. Sie sind üblicherweise mit S-förmigem Griff und runden oder eckigen Backen an jedem Ende zu sehen. Stock-Messer besaßen eine ähnliche Dreiklingen-Konfiguration wie das Cattle-Messer, enthielten aber normalerweise keine Ahle. Stock-Messer, die in der gleichen Liga wie das Cattle-Messer spielten, waren genauso hochwertig gearbeitet und hatten meist Neusilberbacken und Griffschalen aus Jigged Bone, Hirschhorn oder Perlmutt. Viele Stock-Messer, einschließlich die von Böker, sind mit Hauptklingenätzungen mit der Aufschrift „Stock Knife" oder „Premium Stock Knife" versehen. Während Stock-Messer schlanker sind als Cattle-Messer, haben sie meist etwa die gleiche Länge.

Böker stellte das erste Cattle-Messer im späten 19. Jahrhundert vor. Das erste abgebildete Modell in einem Katalog von 1898 trug die auf die Hauptklinge geätzten Worte „Cattle Knife". Es war als Messer mit „Elfenbein-Zelluloid-Griffschalen" und Backen und Schild aus Neusilber gelistet. Spätere Variationen ab 1901 wurden mit Hirschhorn- oder Perlmuttgriffschalen mit Schildern aufgeführt. Böker folgte dem Beispiel der

BOKER'S
SPECIAL STOCK KNIFE
H. BOKER & CO
SOLINGEN
GERMANY

PREMIUM STOCK KNIFE
7474
BOKER
SOLINGEN
GERMANY

24 H. BOKER & CO., 101 Duane Street, New York, N. Y.

Boker American Tree Brand Jack Knives

Every Blade Forged, From Crucible Cutlery Steel

ILLUSTRATIONS ACTUAL SIZE

No. 9068—Stag—Also No. 9068 N.H.—Nickel Silver Lining, Nickel Silver Trimmed, Large Blade Crocus Polished.

No. 9068 B.H.—Nickel Silver Lining, Nickel Silver Trimmed, Large Blade Crocus Polished.

No. 9073—Stag, Nickel Silver Lining, Nickel Silver Trimmed, Large Blade Crocus Polished.

PACKED HALF DOZEN IN BOX, TWO DOZEN IN CARTON

56 H. BOKER & CO., 101 Duane Street, New York, N. Y.

Boker Imported Tree Brand Pocket Knives

Premium Stock Patterns

Every Blade Forged From S. & C. Wardlow's English Bar Steel

ILLUSTRATIONS ACTUAL SIZE

No. 7167—Stag, Nickel Silver Lining, Milled, Nickel Silver Trim, Full Crocus Polished Blades.

No. 7474—Stag, Nickel Silver Lining, Nickel Silver Trim, Full Crocus Polished Blades.
No. 7475—Genuine Gray Buffalo Horn, Same as Above.

No. 6895—Stag, Nickel Silver Lining, Milled, Nickel Silver Trim, Full Crocus Polished Blades.

No. 7449—Gold Pyralin, Brass Lined, Milled, Nickel Silver Trim, Large Blade Crocus Polished.
No. 6894—Stag, Same as Above.

No. 7390—Stag, Nickel Silver Lining, Nickel Silver Trim, Large Blade Crocus Polished.

No. 7388—Stag, Nickel Silver Lining, Nickel Silver Trim, Large Blade Crocus Polished.

PACKED HALF DOZEN IN BOX, TWO DOZEN IN CARTON

Oben links: Die Abbildung aus dem Jahr 1928 zeigt drei in USA hergestellte Stock-Messer mit Klingenätzungen.

Oben rechts: Eine Abbildung von 1928 mit sechs in Deutschland hergestellten Stock-Messern mit unterschiedlichen Backen und Griffformen.

anderen Schneidwarenhersteller. Die ersten Böker-Cattle-Messer hatten eine Spearpoint-Hauptklinge, eine sekundäre Schaffußklinge und eine dritte kleine Federklinge. Das setzte sich bei Böker-Cattle-Messern bis in die Mitte der 1920er Jahre fort, als weitere Modelle mit verschiedenen Klingenoptionen hinzugefügt wurden. Diese Optionen umfassten: Spearpoint- oder Clip-Point-Hauptklingen, Schaffuß- oder Spey-Sekundärklingen und Federklingen oder Ahlen als drittes Werkzeug.

Mitte der 1930er Jahre war die Auswahl an Cattle-Messern bei Böker auf ein einziges Modell reduziert worden, das eine Clip-Point-Hauptklinge, eine Speyklinge und eine Ahle besaß. Die meisten Böker-Cattle-Messer wurden in den USA hergestellt, bis auf die ersten und einige spätere Modelle, die in Solingen gefertigt wurden. Seltsamerweise wurden die ersten deutschen Böker-Exemplare als „Cattle Knife“ bezeichnet, während später deutsche Cattle-Messer aus den 1920er und 1930er Jahren „Stock Knife" genannt wurden. In den Vereinigten Staaten wurde das Cattle-Messer auch weiterhin als solches bezeichnet.

Das Stock-Messer von Böker mag bereits im späten 19. Jahrhundert existiert haben. Zum ersten Mal war es aber in einem Katalog von 1905 mit der Ätzung „Premium Stock Knife" auf der Hauptklinge zu sehen. Bei einer Grifflänge von 10,2 Zentimetern (vier Zoll) hatten die ersten S-förmigen Stock-Modelle eckige Neusilberbacken, Jigged-Bone-Griffschalen und ein Federal-Schild aus Neusilber. Die drei Klingen waren eine Clip-Point-Hauptklinge, eine Schaffuß-Sekundärklinge sowie eine Speyklinge. 1906 wurde das hochwertige Stock-Messer mit drei verschiedenen Griffmaterialien angeboten: Horn, Jigged Bone und Perlmutt. Ebenfalls 1906 wurde von Böker eine kleinere Version des Stock-Messers angeboten, das als „Junior Premium Stock Knife" bezeichnet wurde. Es hatte eine Grifflänge von 8,6 Zentimetern und wurde mit Neusilberbeschlägen und Jigged Bone oder Perlmutt angeboten.

1928 hatte Böker fast 20 Versionen des Stock-Messers sowohl aus amerikanischen als auch aus deutscher Produktion im Programm. In den USA hergestellte, S-förmige Stock-Messer waren mit Jigged-Bone- oder Zelluloidgriff und mit verschiedenen Backen erhältlich. Die meisten Modelle besaßen eine Clip-Point-Klinge als Hauptklinge, eine Speyklinge sowie eine kleinere Federklinge. Jedoch wurde auch ein Modell mit einer Clip-Point-Klinge, einer Ahle und einer mittelgroßen Federklinge angeboten. Die deutschen Modelle wurden in einer größeren Vielfalt an Formen und Klingenkonfigurationen angeboten. Während alle deutschen Modelle auf einem S-förmigen Griff basierten, besaßen einige runde Backen, während andere mit kantigen Backen bestückt waren. Das Modell mit dem ungewöhnlichsten Aussehen hatte einen S-förmigen Griff in Form eines Gewehrschafts mit quadratischen Neusilberbacken.

Für die Griffschalen standen Horn, Pyralin und Jigged Bone zur Auswahl, und alle Griffe trugen ein Neusilberschild. Bei diesen 1928er Modellen

PREMIUM STOCK KNIFE
7474 LTD
TREE BRAND
7588
BÖKER
SOLINGEN
GERMANY

waren drei verschiedene Klingenätzungen zu sehen, auch wenn einige Modelle keine Ätzungen hatten und etwas günstiger verkauft wurden. Die erste Ätzung lautete „Great Western“ und fand starken Anklang bei Cowboys und Ranchern. Die zweite Ätzung „Premium Stock Knife“ war jahrzehntelang auf den Böker-Stock-Messern üblich. Die dritte Ätzung lautete „Premium Punch Knife“, was signalisierte, dass dieses Modell mit einer Ahle anstelle einer Federklinge ausgestattet war.

Stock-Messer müssen für Böker ein Verkaufsschlager gewesen sein, da bis zum Zweiten Weltkrieg fast ein Dutzend verschiedener Modelle und Größen angeboten wurden. Die Geschichte der Böker Stock-Messer nach dem Zweiten Weltkrieg lässt sich anhand der Geschichte von sechs beliebten Modellen erzählen. Dieses wurden in der Böker-Literatur jeweils als Premium-Stock-Messer bezeichnet: groß, mittelgroß und klein. Drei der beliebtesten großen Premium-Stock-Messer von Böker waren die Modelle 6066, 7474 und 9885. Alle drei Modelle waren 10,2 cm lang und verfügten über die beliebte Kombination aus Clip-Point-, Schaffuß- und Speyklinge.

Das Modell 6066 ist eines der ältesten Stock-Modelle von Böker. Bereits 1905 tauchen Exemplare davon in den Katalogen auf. Dieses Modell ist leicht an den quadratischen Neusilberbacken zu erkennen. Eine Möglichkeit, um das Alter dieses Modells zu bestimmen, ist die Ermittlung des Griffmaterials. Im frühen 20. Jahrhundert waren Jigged Bone und Perlmutt das Primärmaterial. Das setzte sich bis zum Zweiten Weltkrieg fort. In den frühen 1950er Jahren hatte der Knochen eine gleichmäßige Karamellfarbe. Von der Mitte der 1960er Jahre bis 1978 wurde gefrästes Delrin verwendet. Ab 1978 wurde dieses Modell mit Palisander-Griffschalen gefertigt. Palisanderholz war das wichtigste Griffmaterial, bis die Produktion des Modells 6066 nach 1981 eingestellt wurde.

Ein zweites großes Premium-Stock-Modell, das 1925 eingeführt wurde, ist das Modell 7474. Es hat glatte, abgerundete Backen. Das 7474 wird noch immer hergestellt. Die Griffschalen der Vorkriegsexemplare sind

Linke Seite oben: Ein großformatiges 10,2-cm-Modell mit Delrin-Beschalung und einer „Premium Stock Knife 7474 LTD“-Klingenätzung aus dem Jahr 1971.

Linke Seite unten: Ein mittelgroßes 8,6-cm-Modell mit Delrin-Griffschalen und einer „Tree Brand 7588“-Klingenätzung.

Rechte Seite: Eine Abbildung aus einem Katalog von 1972 mit Premium-Stock-Messern in verschiedenen Ausführungen und Größen.

aus Jigged Bone, grauem Büffelhorn oder echtem Hirschhorn gefertigt. Sie tragen auch einen Baumstempel auf der Rückseite des Ricasso. Die nach dem Krieg gefertigten Messer gibt es mit Griffschalen aus gefrästem karamellfarbenem Knochen (1950er Jahre), Delrin (1960er-1970er), Palisander (1980er-1990er), Jigged Bone in Rot, Grün und Braun (nach 2000) und glattem rotem Knochen. Wenn heute eine neue Knochenfarbe oder ein neues Jigging-Fräsmuster eingeführt wird, kann man davon ausgehen, dass das große Premium-Stock-Modell 7474 diese Neuerungen auch erhalten wird.

Das Stock-Modell 9885 mit seinen einzigartigen, abgeschrägten Backen wurde nach dem Zweiten Weltkrieg geboren. Angeboten wurde es mit Griff aus elfenbeinfarbenem Pyralin, „New Pearl"-Zelluloid, Delrin, Del-Bone und Schildpatt-Imitat. Die Größe dieses Messers machte es zur perfekten Grundlage für viele verschiedene Böker-Modelle in limitierter Auflage. In den 1970er Jahren wurden vier der ersten „Great American Story"-Messer von Böker USA auf Basis des Modell 9885 aufgelegt. Das letzte im Katalog 2006 angebotene 9885er Messer besaß schwarze Delrin-Griffschalen und ein rot emailliertes Schild.

Die Geschichten der zwei mittelgroßen Premium-Stock-Modelle sind miteinander verwoben. Die Modelle 7588 und 8588 erschienen beide in den frühen 1950er Jahren. Sie ähnelten sich in der Größe. Beide hatten die gleiche Kombination aus Clip-Point-, Schaffuß- und Speyklingen. Der Griff des Modells 8588 war 8,9 Zentimeter lang und etwas über 9,5 mm stark. Das Modell 7588 war mit einer Länge von 8,6 cm etwas kürzer, hatte aber eine klobige Breite von 1,3 cm. Diese Modelle tauchten in den Böker-Katalogen jahrelang Seite an Seite auf und waren mit den gleichen oder ähnlichen Griffmaterialien ausgestattet.

2008 war die Modellnummer 8588 verschwunden und wurde nicht mehr verwendet. Die Nummer 7588 wurde noch gebraucht, aber die Abmessungen des Messers entsprachen genau denen des alten Modells 8588. Die beiden, sehr ähnlichen Messer waren zu einem verschmolzen. Das

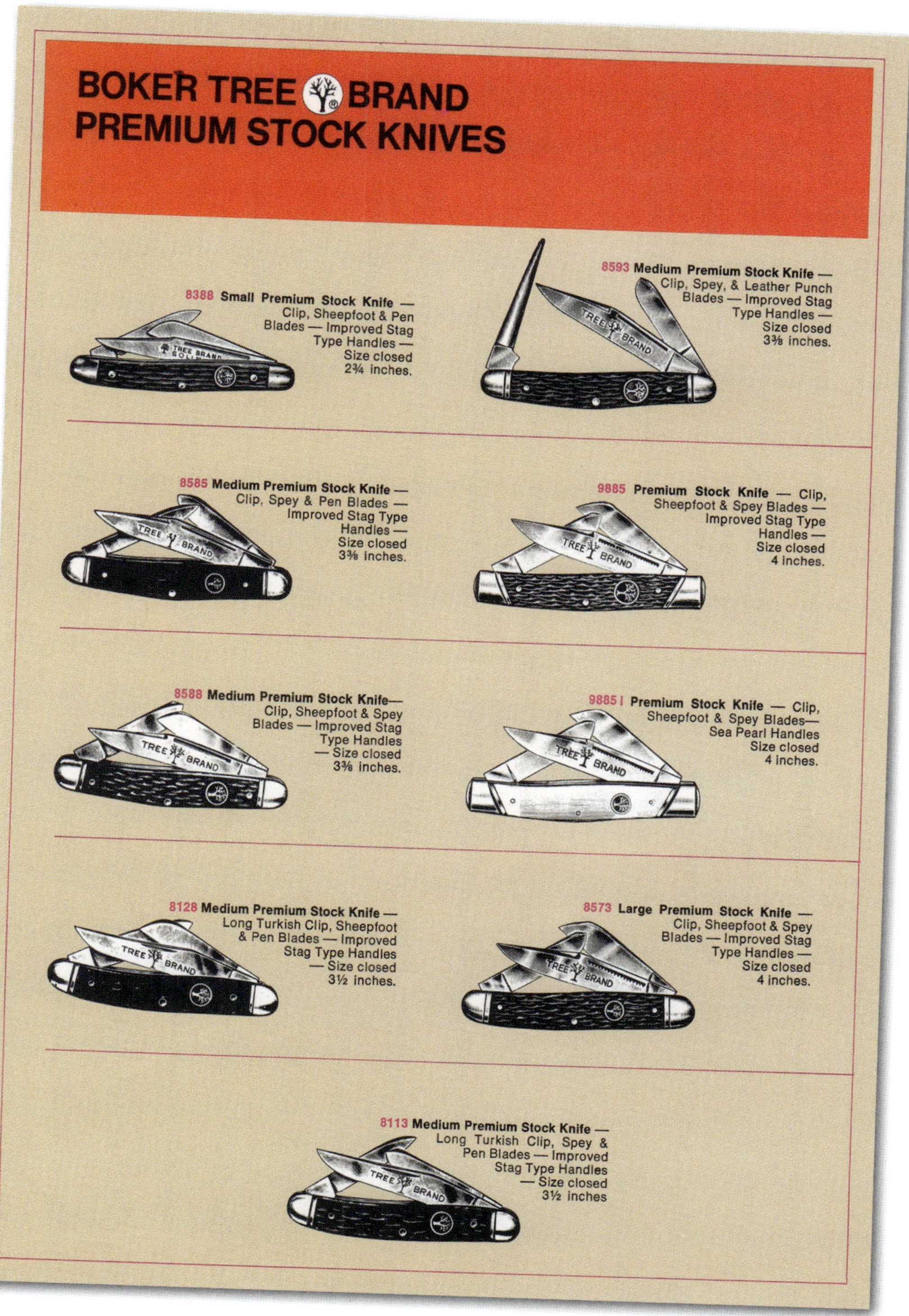

BOKER TREE BRAND PREMIUM STOCK KNIVES

8388 Small Premium Stock Knife — Clip, Sheepfoot & Pen Blades — Improved Stag Type Handles — Size closed 2¾ inches.

8593 Medium Premium Stock Knife — Clip, Spey, & Leather Punch Blades — Improved Stag Type Handles — Size closed 3⅜ inches.

8585 Medium Premium Stock Knife — Clip, Spey & Pen Blades — Improved Stag Type Handles — Size closed 3⅜ inches.

9885 Premium Stock Knife — Clip, Sheepfoot & Spey Blades — Improved Stag Type Handles — Size closed 4 inches.

8588 Medium Premium Stock Knife— Clip, Sheepfoot & Spey Blades — Improved Stag Type Handles — Size closed 3⅜ inches.

9885 I Premium Stock Knife — Clip, Sheepfoot & Spey Blades— Sea Pearl Handles Size closed 4 inches.

8128 Medium Premium Stock Knife — Long Turkish Clip, Sheepfoot & Pen Blades — Improved Stag Type Handles — Size closed 3½ inches.

8573 Large Premium Stock Knife — Clip, Sheepfoot & Spey Blades — Improved Stag Type Handles — Size closed 4 inches.

8113 Medium Premium Stock Knife — Long Turkish Clip, Spey & Pen Blades — Improved Stag Type Handles — Size closed 3½ inches

BOKER TREE BRAND
BOKER U.S.A.
TREE BRAND 
BOKER U.S.A.

mittelgroße Stock-Modell ist nach wie vor beliebt bei denen, die ein klassisches Böker-Modell suchen. Kunden, die heute ein Modell 7588 kaufen, finden es in einer Länge von 8,9 cm und einer Stärke von etwas über 9,5 mm.

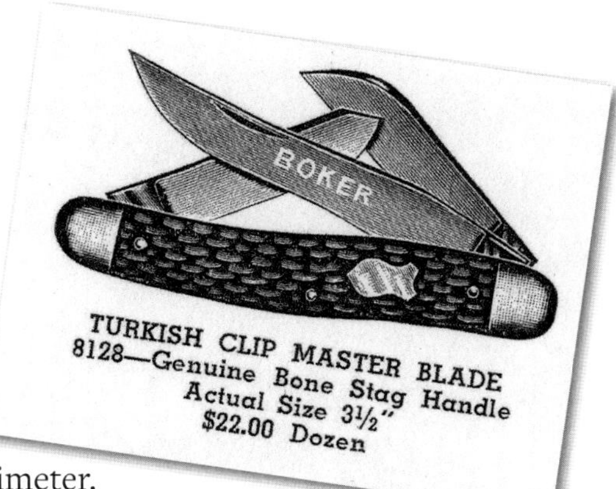

Das kleine 8388 Stockman war nicht als Arbeitsmesser konzipiert. Es wurde im Zweiten Weltkrieg eingeführt. Die gesamte geschlossene Länge beträgt nur sieben Zentimeter. Während die Clip-Point-Klinge und die Schaffuß-Klinge bestehen blieben, fehlte die traditionelle Speyklinge. An ihrer Stelle fand sich eine kleine Federklinge. Dieses Messer wird offiziell immer noch als kleines Premium-Stock-Modell bezeichnet. Es ist aber wahrscheinlicher, es in der Hosentasche eines Anzugs zu finden, als in einer Jeans. Dieses kleine „Pony Knife", wie Böker es ab Anfang der 70er Jahre nannte, passt bequem in die Hosentasche. Es ist ein wunderbares Anzug- oder Gentleman-Messer. Das Modell 8388 wurde sowohl in den USA als auch in Solingen hergestellt, und zwar mit einer Griffbeschalung aus Jigged Bone, Jigged Delrin, grünem und schwarzem Delrin, Del-Bone, Honeycomb-Bone (Knochen mit Wabenstruktur), Palisanderholz, grünem gefrästem Knochen, glattem rotem Knochen, Perlmutt, Thujaholz, gelbem Pyralin, Schildpatt-Imitat und echtem Hirschhorn. Das kleine „Pony"-Messer hatte eine lange Lebensdauer von über 60 Jahren, seine Produktion wurde jedoch leider im Jahr 2003 eingestellt.

Ab 2008 produzierte Böker neben der Traditional-Serie nur noch zwei Stockman-Messermodelle. Das große 7474 Premium-Stock-Modell und das mittelgroße 7588 Premium Stock bleiben beliebte Optionen für Fans klassischer Böker-Messer. Das 7588 wird aktuell (2019) mit gefrästem grünem Knochen und echtem Hirschhorn-Griff hergestellt. Das größere Modell 7474 wird mit Griffschalen aus Appaloosa-Knochen, Eichenholz, Bierfassholz, gefrästem rotem Knochen, Palisanderholz und echtem Hirschhorn angeboten. Beide dieser klassischen Stock-Modelle werden dem Kunden wahrscheinlich weiterhin den Zukunftsweg der Böker-Messer weisen.

Oben: Eine Katalogabbildung aus dem Jahr 1956 zeigt ein 3-Klingen-Stock-Messer mit einer „Turkish Clip"-Hauptklinge und Knochen-Griffschalen.

Linke Seite oben: Ein Stockman-Modell mit Knochen-Griffschalen aus den 1950er Jahren mit einer „Turkish Clip"-Hauptklinge.

Linke Seite unten: Ein großes 10,2-cm-Modell mit schrägen Backen und einer passenden Streichholzanzünder-Kerbe aus den frühen 1980ern.

273

Sportmesser

Die Multifunktionalisten

Der Firma Victorinox wird oft die Entwicklung des Multifunktionsmessers zugeschrieben. Doch auch wenn Victorinox 1891 das Schweizer Offiziersmesser einführte, war die Firma nicht der Erfinder dieses Messerstils. Tatsächlich wurden solche Messer lange vorher in anderen Ländern hergestellt. Mehrklingen-Sportmesser wurden bereits zu Beginn des 19. Jahrhunderts in England und mindestens ab Mitte des 19. Jahrhunderts in Deutschland produziert. Informationen über deutsche Schneidwaren aus dem 19. Jahrhundert und früher sind dünn gesät, aber es gibt einige wenige gedruckte Materialien.

Ein Solinger Werkskatalog von J. A. Henckels aus dem Jahr 1877 zeigt mehrklingige Camping- und Sportmesser. Die älteste bekannte Kataloginformation von Böker, die Sportmodelle zeigt, stammt aus dem Jahr 1898. In diesem Böker-Katalog sind mehrere kleinere mehrklingige Gentleman-Klappmesser sowie zwei große mehrklingige Sportmesser abgebildet. Ein Modell mit einer geschlossenen Länge von 11,4 Zentimetern wurde mit vier Schneidklingen, einer Säge und einem Korkenzieher ausgestattet. Die Griffschalen dieser Messer bestanden aus echtem Hirschhorn, die Griffe waren an beiden Enden mit Neusilberbacken versehen. Solche Messer waren bei Böker schon Jahrzehnte zuvor erhältlich.

Mehrklingige Sportmesser-Modelle

Zu den ältesten bekannten Böker-Sportmesser mit mehreren Klingen gehört ein sehr großes Exemplar mit Hirschhorngriff. Bei einer geschlosse-

nen Länge von 14 Zentimetern besitzt dieses kräftige Klappmesser sieben ausklappbare Klingen und Werkzeuge und zusätzlich drei ausziehbare Werkzeuge in den Griffschalen. Durch zwei auf dem Griff-Schild eingeätzte Namen kam man bei den Nachforschungen zu diesem Messer zu dem Ergebnis, dass es ungefähr aus dem Jahr 1897 stammen muss.

Das gleiche Modell mit einigen kleinen Abweichungen wurde bis in die 1930er Jahre angeboten, war aber nach dem Zweiten Weltkrieg nicht mehr erhältlich. In der ersten Hälfte des 20. Jahrhunderts hatte Böker eine große Auswahl an Camping- und Mehrklingen-Sportmessern im Programm. Die meisten der größeren Sportmodelle wurden mit Hirschhorn beschalt und besaßen arretierende Hauptklingen.

Oben: Ein Katalogausschnitt aus dem Jahr 1908 zeigt zwei Böker-Mehrklingen-Sportmesser und zwei Barkeepermodelle.

Rechte Seite oben: Zwei in Solingen gefertigte Federklingen-Sportmesser mit Backen im Vogelschnabelformat um die 1930er Jahre.

Rechte Seite unten: Zwei Solinger Sportmesser mit integrierten Patronenzieher-Krallen, ca. 1930er Jahre.

Bei einigen besaß der Arretierungshebel auf dem Klingenrücken im hinteren Bereich eine erhabene Stelle, die das Drücken zum Lösen der Arretierung leichter machte. Bei einem zweiten gebräuchlichen Arretierungstyp musste eine kleinere Federklinge oder Werkzeugklinge nach innen gedrückt werden, um die Hauptklinge zu entriegeln und zu schließen.

Neben der Hauptklinge waren die Werkzeuge, die am häufigsten bei den Sportmesser-Modellen zu finden waren: kleinere Klingen, Sägen, Schraubendreher, Ahlen, Dosenöffner, Kapselheber und Patronenauszieher. Letzteres waren im Grunde genommen Haken oder Krallen, mit denen gebrauchte Patronenhülsen aus einem Gewehrlauf herausgezogen wurden. Einige dieser ausklappbaren Auszieher hatten einen festen Haken oder eine Kralle, während andere einen zusammenklappbaren Auszieher besaßen, der eher wie eine Zange funktionierte.

Bei einigen Modellen verfügte einer der Backen über integrierte Krallen. Auf jeder Seite hatte die Kralle eine etwas andere Größe, um unterschiedlich große Patronenhülsen aufzunehmen, in der Regel 12 und 16

273
126
H.BOKER&CO
SOLINGEN
C.16

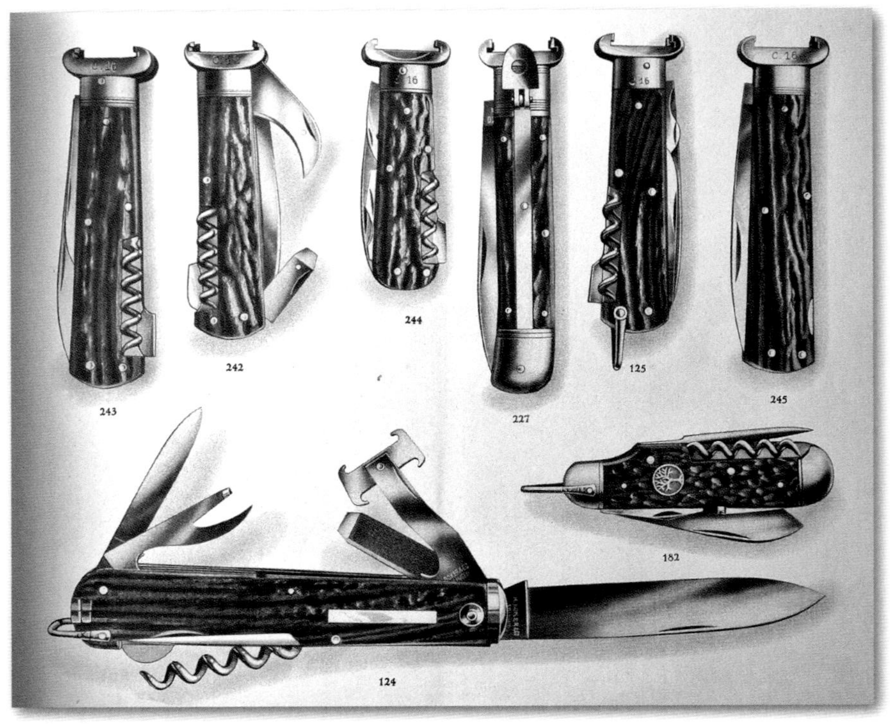

Rechts: Ein Katalogauszug aus der Zeit um 1930 zeigt mehrere verschiedene Sportmodelle.

Rechte Seite oben: Ein großes 7-Klingen-Sportmesser aus Solinger Produktion mit einer Grifflänge von 14 cm aus der Zeit um 1897.

Rechte Seite unten: Drei Lockback-Sportmodelle aus Deutschland um die 1930er Jahre.

Gauge. Es war auch üblich, dass das Kaliber auf die Backen mit Kralle aufgeprägt wurde.

Böker fertigte in den frühen 1900er Jahren auch Mehrklingen-Modelle des Horseman-Typs mit ausklappbaren Hufkratzern auf der Rückseite des Griffs. Es wurden grundsätzlich nicht viele in Solingen hergestellte Böker-Sportmesser mit mehreren Klingen in der ersten Hälfte des 20. Jahrhunderts in die Vereinigten Staaten exportiert. Ein Grund dafür mag vielleicht der Kostenfaktor gewesen sein. Wahrscheinlicher ist jedoch, dass viele Amerikaner die Taschenmesser in Standardformen bevorzugten, oder als Alternative größere amerikanische Einzelklingen-Klappmesser und Jagdmesser mit feststehender Klinge. Die wenigen Böker-Sport-Taschenmesser, die man heute in den USA findet, sind äußerst bemerkenswerte und extrem gut gefertigte Stücke, die sehr gefragt sind.

Dr. Penzoldts/I. Dr. Beck

Rechte Seite oben: Ein 8-Klingen-Camper-Messer aus den 1930er Jahren.

Rechte Seite unten: Böker zelebrierte 2009 sein 140-jähriges Jubiläum mit dieser Sonderversion des Modells 182 mit Griffschalen aus Kastanienholz.

Unten: Ein Katalogausschnitt aus dem Jahr 1908 zeigt ein 6-Klingen-Messer für „Camper oder Touristen".

Multifunktionsmesser

Wie bereits erwähnt, gab es in Deutschland bereits Multifunktionsmesser im Stil der Schweizer Offiziersmesser, lange bevor Victorinox sie 1891 einführte. Böker hat diese Art von Messern vermutlich schon im 19. Jahrhundert angeboten, doch der erste gedruckte Nachweis dafür ist in einem Katalog aus dem Jahr 1908 zu finden, wo es als „Messer für Camper oder Touristen" gelistet war. Diese frühen Modelle wurden entweder mit Ebenholz-Griffschalen ohne Backen oder mit echten Hirschhorngriffen mit doppelten Neusilberbacken angeboten. Beide Modelle verfügten über sechs ausklappbare Klingen und Werkzeuge, neben einer Hauptklinge fand man unter anderem eine kleinere Federklinge, einen Schraubendreher, einen Dosenöffner, eine Ahle und einen Korkenzieher.

Die Produktion dieses ursprünglichen 6-Klingen-Modells wurde in den späten 1930er Jahren eingestellt. In den 1930ern war zusätzlich eine Version mit 8 Klingen erhältlich. Ein neues Sechsklingenmodell mit einem ungewöhnlichen, buckligen Rücken wurde zudem 1930 eingeführt. Es wurde zu Bökers Flaggschiff. Dieses neue Modell trug die Nummer 182 und war von Anfang an sehr beliebt. Es verfügte allgemein über die gleichen Klingen- und Werkzeugausstattung wie das frühere sechsblättrige Camper-Modell, aber die Hauptklinge des Modells 182 war breiter, und die neue Griffform bot mehr Komfort. In der Schraubenzieherklinge des 182 war ein sehr beliebter Flaschenöffner integriert.

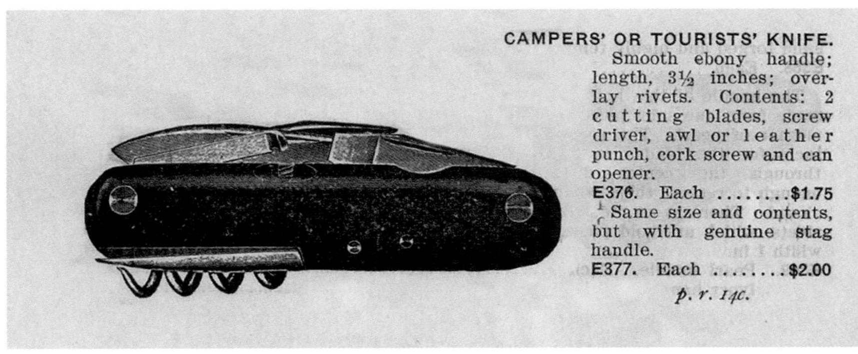

CAMPERS' OR TOURISTS' KNIFE.
Smooth ebony handle; length, 3½ inches; overlay rivets. Contents: 2 cutting blades, screw driver, awl or leather punch, cork screw and can opener.
E376. Each $1.75
Same size and contents, but with genuine stag handle.
E377. Each $2.00
p. r. 14c.

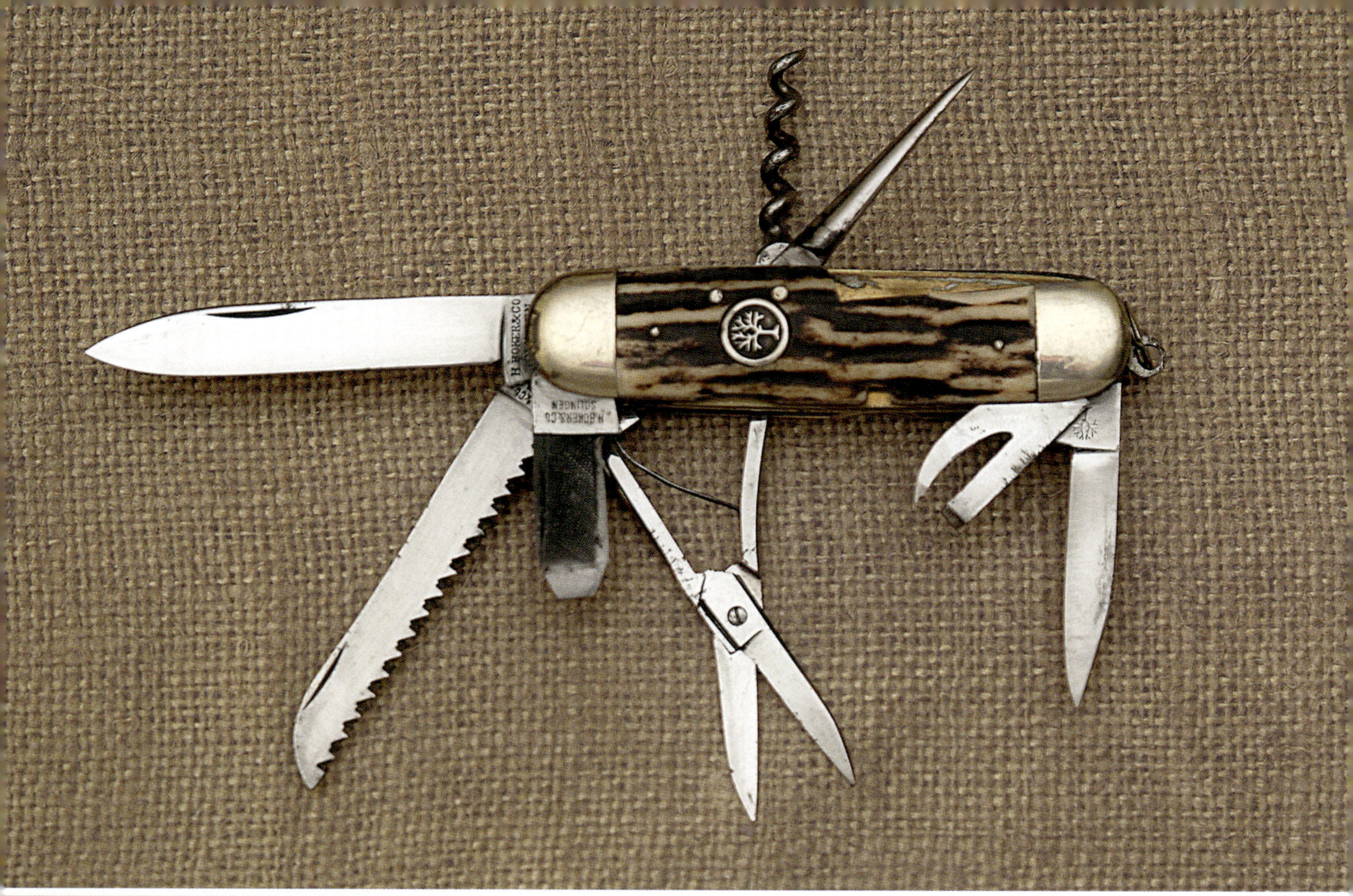

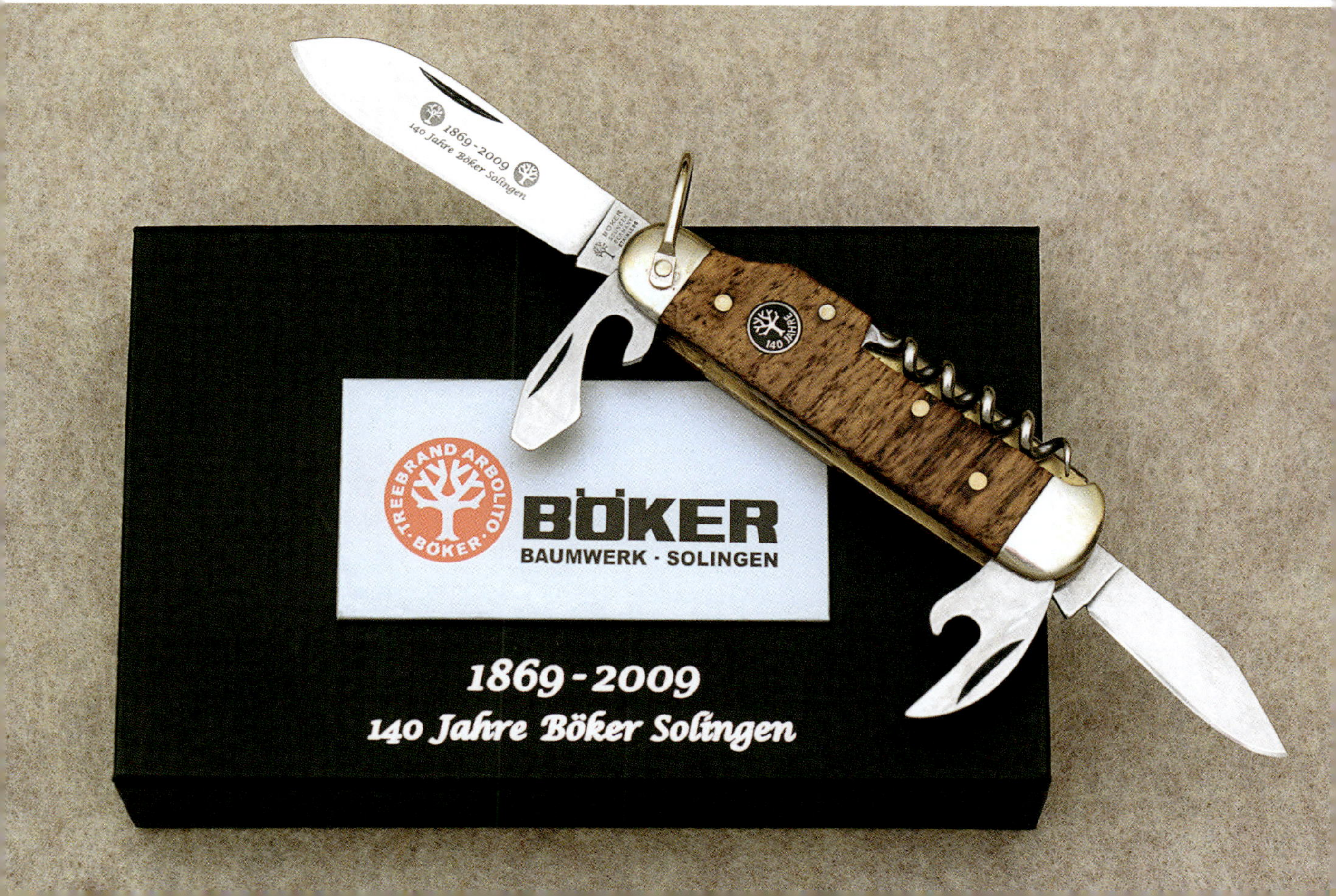
1869 - 2009
140 Jahre Böker Solingen
TREEBRAND ARBOLITO
BÖKER
BÖKER
BAUMWERK · SOLINGEN
1869 - 2009
140 Jahre Böker Solingen

H. BÖKER & CO
SOLINGEN
TREEBRAND · ARBOLITO · BÖKER ·
182
HEINR. BÖKER & CO
SOLINGEN

Das Modell 182 erfuhr im Laufe der Jahre einige Änderungen. Es gab verschiedene Varianten. Die Griffschalen an frühen Modellen waren in der Regel aus Knochen gefertigt, es waren aber auch einige in echtem Hirschhorn zu sehen. Um 1960 wurde die Griffbeschalung auf „Improved Stag" (verbessertes Hirschhorn) umgestellt, ein synthetisches Material, das sehr stark an Jigged Bone erinnerte. Böker bot auch ein Modell 7594 an, das im Wesentlichen das gleiche wie das Modell 182 war, außer dass es einen Kreuzschlitz-Schraubendreher anstelle eines Korkenziehers besaß und mit roten Pyralin-Griffschalen bestückt war.

Linke Seite: Zwei der in Solingen hergestellten „Buckel"-Messer (Typ 182) aus zwei verschiedenen Epochen. Das linke Messer ist ein Vorkriegsmodell mit Knochen-Griffschalen. Das Messer rechts ist ein Nachkriegsmodell mit Kunststoffgriff.

Dieses Modell war von etwa 1956 bis 1960 erhältlich. Aus irgendeinem Grund wurde die Nummer 182 in einigen amerikanischen Katalogen Ende der 1940er bis etwa 1967 auch mit der Nummer 7593 gekennzeichnet. Das 182 ist in keinem Katalog der Jahre 1990 bis 2013 zu finden, dennoch wurde es nie aus der Produktion genommen. Böker feierte 2009 sein 140-jähriges Jubiläum mit einer speziellen 182er Variante, mit einer Beschalung aus schönstem Kastanienholz.

Unten: Katalogausschnitt von 1928 mit vier US-Varianten eines Scout-Messers.

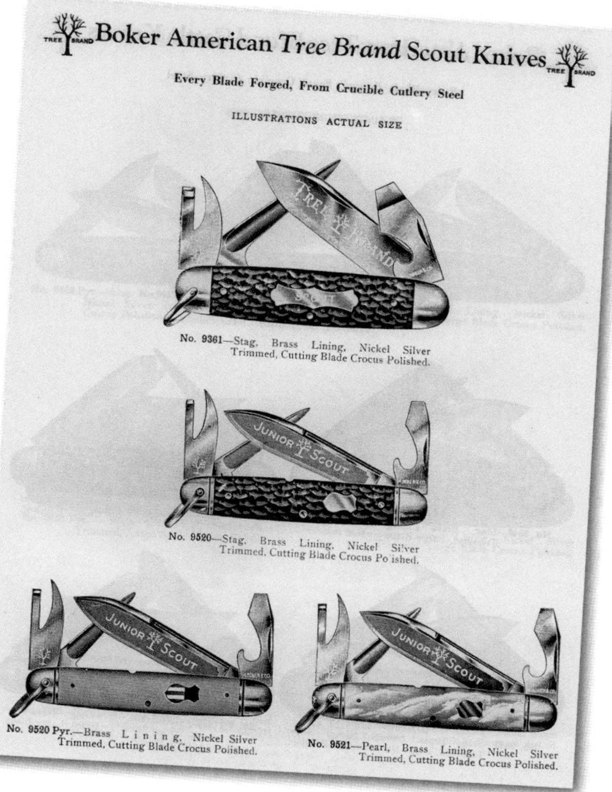
Boker American Tree Brand Scout Knives

Every Blade Forged, From Crucible Cutlery Steel

ILLUSTRATIONS ACTUAL SIZE

No. 9361—Stag, Brass Lining, Nickel Silver Trimmed, Cutting Blade Crocus Polished.

No. 9520—Stag, Brass Lining, Nickel Silver Trimmed, Cutting Blade Crocus Polished.

No. 9520 Pyr.—Brass Lining, Nickel Silver Trimmed, Cutting Blade Crocus Polished.

No. 9521—Pearl, Brass Lining, Nickel Silver Trimmed, Cutting Blade Crocus Polished.

Die ersten offiziellen Boy-Scout-Messer erschienen 1911 in den Vereinigten Staaten und hatten vier ausklappbare Klingen/Werkzeuge: eine Hauptklinge, eine Ahle, einen Dosenöffner und einen Schraubendreher mit integriertem Flaschenöffner. Dieser Stil des Campingmessers war bei Pfadfindern und Outdoorfreunden gleichermaßen beliebt und von fast jeder Schneidwarenfirma auf der ganzen Welt kopiert worden. Nur wenige Hersteller sicherten sich die Lizenz zur Herstellung von offiziellen Boy-Scout-Messern in den USA. Das hinderte andere Unternehmen jedoch nicht daran, ähnliche, nicht lizenzierte Pfadfinder-Multifunktions-Messer herzustellen. Böker gehör-

TREE
BRAND
BOKER

te zu denen, die ein inoffizielles Scout-Messer herstellten, und zwar ab 1925.

Diese vierklingigen Scout-Typen mit der Modellnummer 9361 wurden zunächst nur im US-Werk produziert, aber in den 1930er Jahren auch als in Deutschland hergestellte Varianten angeboten. Von den in Amerika gefertigten Scout-Messern waren zwei Größen erhältlich, nämlich das Standard-Scout-Modell mit 9,2 cm und das „Junior Scout" mit 8,6 cm Grifflänge. Erhältlich war das Scout-Modell 9361 ungefähr ab 1925 bis zum Jahr 1988, in dem seine Produktion eingestellt wurde.

Es kam zunächst mit Knochen-Griffschalen heraus. Das blieb so bis in die späten 1960er Jahre, als das Griffmaterial auf „Improved Stag" umgestellt wurde. Das Modell „Junior Scout" trug die Modellnummer 9520 und erschien nur für eine relativ kurze Zeit: von etwa 1928 bis 1939. Es war in drei verschiedenen Griffmaterien erhältlich: Knochen, Perlmutt und Pyralin. Die beiden frühen Varianten der Modelle 9361 und 9520 erschienen mit einer Ahle.

Allerdings wurde diese Ahle bei den Modellen 9361 um 1960 durch eine Federklinge ersetzt. Obwohl bei einigen Böker-Sportmessern die Worte „Scout" oder „Boy Scout" auf dem Griffschild eingraviert war, wurden sie nie als offizielles Pfadfindermesser anerkannt.

Linke Seite oben: Drei Campingmesser des Modells 9361, hergestellt in den USA, die drei Epochen repräsentieren. Das untere Messer stammt aus den 1950er Jahren und besitzt Knochen-Griffschalen und eine Ahle. Das Messer in der Mitte stammt aus den 1960er Jahren und hat ebenfalls einen Knochengriff, aber eine Federklinge anstelle der Ahle. Das obere Messer stammt aus den 1980er Jahren und besitzt einen Kunststoffgriff.

Linke Seite unten: Ein 4-Klingen-Sportmesser, das in Solingen in den 1970er Jahren produziert wurde.

Auslage zum Vatertag

Welcher Vater möchte nicht gerne ein schönes Böker-Messer geschenkt bekommen? In alten Schneidwarenkatalogen findet man auch Fotos von Auslagen, die die Aufmerksamkeit von Kunden auf sich ziehen sollten. Die hier abgebildete, speziell für den Vatertag im Jahr 1963 gedruckte Auslage und das Schild stammen von einem Böker-Verkäufer. Die Herstellung erfolgte hauptsächlich aus Karton, einem kostengünstigen Material. Dies war wichtig, da viele der Auslagen kostenlos an die Eisenwaren- und Gemischtwarenläden abgegeben wurden.

Die Auslage aus dem Jahr 1963 enthielt eine Mischung aus Böker-Messern, die in den USA und Deutschland produziert worden sind. Die Messer selbst sind in den Jahren 1961 und 1962 hergestellt. Die Griffschalen bestehen meist aus Jigged Bone, aber in den frühen 1960er Jahren hatte Böker auch mit der Verwendung von Delrin begonnen. Das Delrin wurde so fachmännisch gefärbt und gefräst, dass die meisten Menschen den Unterschied zwischen echtem Knochen und den Schalen aus Delrin nicht erkennen können. Sie wurden in Böker-Geschenkschachteln auf rotem Samt mit einem durchsichtigen Kunststoffdeckel ausgestellt.

Beachten Sie, dass das in Solingen hergestellte Messer in der linken oberen Ecke einen Verkaufspreis von nur 3,75 Dollar hatte. Man sieht auch, dass der Verkäufer einen Penny in die Geschenkbox geklebt hat. Das war damaliger Brauch, wenn man einem Freund ein Messer schenken, aber „das Band der Freundschaft nicht durchschneiden" wollte.

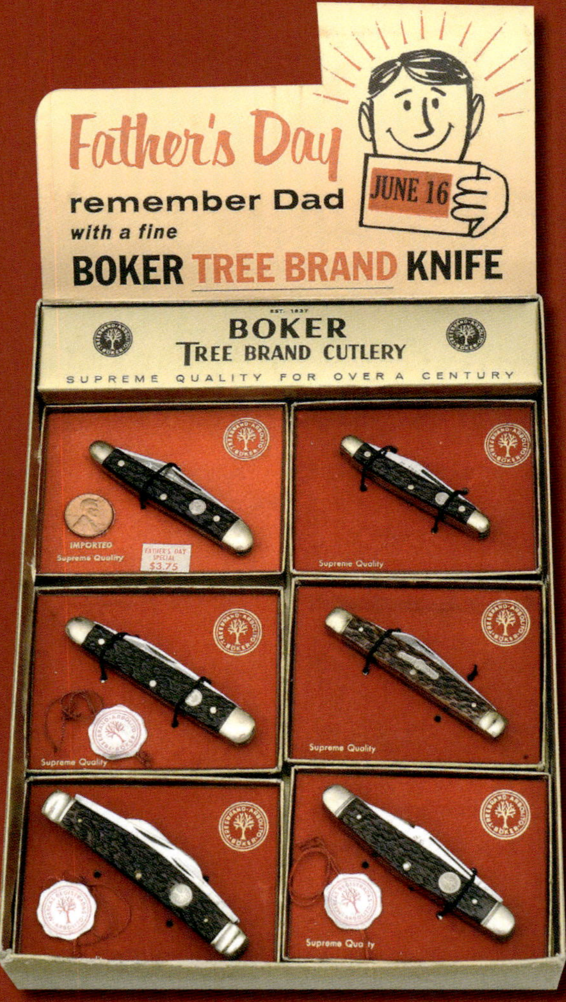

Schachteln

Eine Box für das große Jagd-Taschenmesser 2020 mit zwei Klingen aus den 1960ern.

Schon früh, seit dem 19. Jahrhundert, wurden Messer in der Regel zu einem halben oder vollen Dutzend in Schachteln verpackt und an die Händler verschickt. In diesen Schachteln waren die Messer einzeln in Seidenpapier gewickelt. Die Messerschachtel war dabei nur ein Behältnis, um die Messer vom Hersteller zum Händler zu bringen und wurde in der Regel nach Ankunft entsorgt. Da die Schachteln in der Regel vom Händler weggeworfen wurden, sind heute nur noch wenige erhalten geblieben, vor allem ältere. Im späten 20. Jahrhundert wurden Messer immer häufiger in individuellen Schachteln verkauft. Die Modellnummer der Messer wurde üblicherweise auf die Schachtel gestempelt oder geschrieben. Diese Nummer kann manchmal helfen, die Schachtel zu datieren. Messer stehen im Mittelpunkt jeder Schneidwarensammlung, aber Schachteln und andere Beigaben machen jede Sammlung sicherlich noch kompletter und interessanter.

„Made in Germany" Schriftzug am oberen Rand des Etiketts mit der Modellnummer 7304 als Kennzeichnung der Schachtel für ein „Premium Punch"-Stockman-Modell. Die Box stammt aus den 1920er bis 1930er Jahren.

„Fine Cutlery Since 1837" mit Modellnummer 8585 für ein „Junior Premium Stock"-Messer mit drei Klingen. Diese Schachtel entstand in den 1950er bis 1960er Jahren.

„H. Boker & Co's American Tree Brand Improved Cutlery"-Schriftzug in der Mitte der Schachtel ohne Modellnummer. Eine Box aus den 1920er bis 1930er Jahren.

HUNTIN
and
FISHIN
Oct.
1934
ALEX J. JOHNSON
1560 ALMOND ST.
ST. PAUL, MINN.

Jagd- und Anglermesser

Halali und Petri Heil!

Klappbare Jagd- und Anglermesser unterscheiden sich von ihren „Cousins", den Sport- und Campingmessern mit mehreren Klingen, dadurch, dass sie in der Regel nur eine oder zwei Klingen besitzen. Klappmesser mit einer oder zwei Klingen waren in den USA seit Anfang des 19. Jahrhunderts sehr beliebt. Die Schneidwarenhersteller aus England waren bis Mitte des 19. Jahrhunderts die wichtigsten Lieferanten. Um 1850 entstanden langsam mehrere amerikanische Konkurrenten. Die meisten produzierten eine Reihe von schönen klappbaren Jagdmodellen. Die Deutschen, und insbesondere Böker, nahmen diesen Trend zur Kenntnis und fügten einige gute Exemplare für den amerikanischen Outdoorfreund hinzu.

Auch wenn Böker in der zweiten Hälfte des 19. Jahrhunderts mit Sicherheit bereits Jagd-Klappmesser anbot, finden sich die ersten gedruckten Exemplare in einem Katalog von 1898. Es werden drei interessante Modelle gezeigt, die alle mit einzelnen Feststellklingen ausgestattet sind. Eines ist ein klassisch gestaltetes Barehead-Modell (nur mit oberen Backen) mit einer großen Clip-Point-Klinge und einem Bügel am Griff (genau wie das links gezeigte Messer). Das zweite Messer ist im wesentlichen das gleiche Modell, zusätzlich ist in den Backen eine kleine Parierstange im Stil des Malteserkreuzes integriert (siehe übernächste Seite, Bild oben, unteres Messer). Beide Messer wiesen eine Grifflänge von 12,7 Zentimetern (5 Zoll) auf und wurden mit echten Hirschhorn-Griffschalen geliefert. Beide waren mit Backen und Griffschildern aus Neusilber ausgestattet. Das dritte Messer zeigte einen Griff aus einem echten Hirschfuß, wie er bei anderen deutschen Messern mit feststehenden und

Rechts: Ein Rechnungsbriefkopf aus dem Jahr 1939.

Rechte Seite oben: Zwei große deutsche Lockback-Jagdmesser aus dem frühen 20. Jahrhundert.

Rechte Seite unten: Zwei amerikanische Fischschwanz-Jagdmodelle mit Knochen-Griffschalen. Das Modell mit Handschutz stammt aus der Vorkriegszeit, während das Modell ohne Handschutz in der Nachkriegszeit gefertigt wurde.

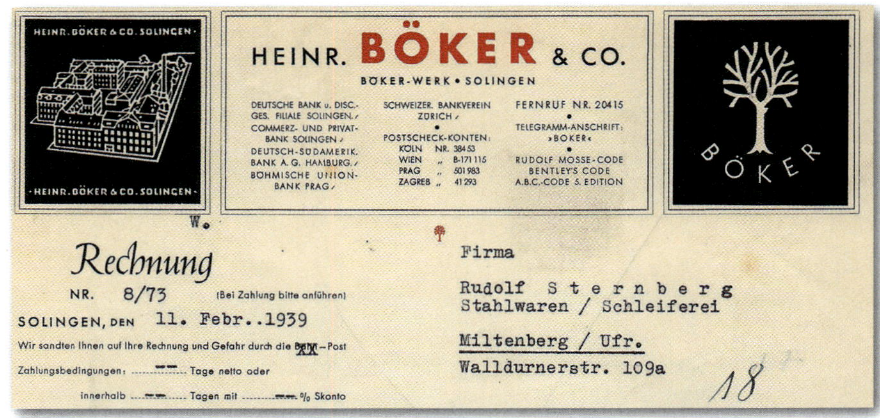

·HEINR. BÖKER & CO. SOLINGEN·

HEINR. BÖKER & CO.
BÖKER-WERK • SOLINGEN

DEUTSCHE BANK u. DISC.-GES. FILIALE SOLINGEN. / COMMERZ- UND PRIVAT-BANK SOLINGEN / DEUTSCH-SÜDAMERIK. BANK A. G. HAMBURG. / BÖHMISCHE UNION-BANK PRAG /

SCHWEIZER. BANKVEREIN ZÜRICH /
POSTSCHECK-KONTEN:
KÖLN NR. 38453
WIEN „ B-171 115
PRAG „ 501 983
ZAGREB „ 41 293

FERNRUF NR. 20415
TELEGRAMM-ANSCHRIFT: »BÖKER«
RUDOLF MOSSE-CODE
BENTLEY'S CODE
A.B.C.-CODE 5. EDITION

BÖKER

W.

Rechnung
NR. 8/73 (Bei Zahlung bitte anführen)
SOLINGEN, DEN 11. Febr..1939
Wir sandten Ihnen auf Ihre Rechnung und Gefahr durch die XX–Post
Zahlungsbedingungen: .... Tage netto oder
innerhalb .... Tagen mit .... % Skonto

Firma
Rudolf S t e r n b e r g
Stahlwaren / Schleiferei
Miltenberg / Ufr.
Walldurnerstr. 109a

18

klappbaren Klingen üblich war. Das Hirschfußmesser im Katalog enthielt auch einen klappbaren Korkenzieher und einen Klapphebel in der Nähe der Backen, mit dem die Klinge entriegelt wurde.

Böker bot in den 1920er und 1930er Jahren auch drei weitere einzigartige und attraktive Klapp-Jagdmodelle an. Das erste hieß King Cutter. Dies war ein Markenname, den Böker im späten 19. Jahrhundert auch für einige weitere Messer und Rasiermesser verwendete. Dieses Messer mit einer Clip-Point-Einzelklinge hatte eine schöne „King Cutter"-Klingenätzung und Hirschhorn-Griffschalen. Außerdem verfügte es über eine versenkte Klingenentriegelung im Griffrücken. Dieses im Barehead-Stil gehaltene Messer ist einzig in einem Katalog von 1935 abgebildet.

Das zweite Jagd-Klappmesser war ein schönes Modell in einem geläufigen Stil, wie ihn auch andere Solinger Firmen herstellten. Es hatte das Aussehen eines Hirschfuß-Typs, aber keinen echten Hirschfuß als Griff. Stattdessen verwendete Böker Hirschhorn als Griffschalen mit oberen und unteren Backen. Wie das frühere echte Hirschfußmodell hatte das spätere Hirschhorngriff-Modell einen ausklappbaren Korkenzieher und einen Klapphebel zum Entriegeln der Klinge. Dieses Modell ist nur in einem deutschen Böker-Katalog Mitte der 1930er Jahre abgebildet und war wahrscheinlich nicht für den amerikanischen Markt bestimmt.

BOKER
U.S.A

H. BOKER & CO., 101 Duane Street, New York, N. Y.

Boker American Tree Brand Jack Knives

Every Blade Forged, From Crucible Cutlery Steel

ILLUSTRATIONS ACTUAL SIZE

No. 9293 Crim.—Brass Lining, Nickel Silver Trimmed. Blade Crocus Polished.

No. 9293—Stag, Brass Lining, Nickel Silver Trimmed. Blade Crocus Polished.

No. 9418 Pyr.—Brass Lining, Nickel Silver Trimmed. Blade Crocus Polished.

No. 9418—Stag, Brass Lining, Nickel Silver Trimmed. Blade Crocus Polished.

PACKED HALF DOZEN IN BOX, TWO DOZEN IN CARTON

Das dritte Modell war ein klassisches amerikanisches Modell, das einen bekannten Spitznamen hatte: der Cola-Flaschen-Typ („Coke Bottle Type“). Während das Design dieses Messers auf die 1850er Jahre zurückgeht, wurde die Nomenklatur später mit der legendären Colaflasche von 1915 eingeführt. Dieses große, einklingige, nicht verriegelbare Messer im Cola-Flaschen-Stil war nur mit Griffschalen aus Ebenholz, Stahlplatinen und Stahlbacken erhältlich.

Linke Seite: Eine Katalogabbildung aus dem Jahr 1928 zeigt vier verschiedene Fischschwanz-Jagdklappmesser.

Böker bot 1908 auch ein kleineres Lockback-Fischschwanz-Jägermodell an. Die ersten Exemplare mit Knochengriff hatten erhöhte Drücker zur Entriegelung der Klinge. Sie besaßen Parierstangen in den Backen und eine Grifflänge von 10,2 cm. Zuerst wurden diese Messer nur in Deutschland hergestellt, ab 1928 dann sowohl in Deutschland als auch in den Vereinigten Staaten. Die Modelle unterschieden sich nur leicht. Nur die deutschen Exemplare besaßen Feststellklingen. Nur sie waren auch ausschließlich mit Parierstangen als Handschutz erhältlich und wurden entweder mit Hirschhorn- oder Perlmutt-Griffschalen geliefert.

Die amerikanischen Modelle wurden mit oder ohne Handschutz angeboten, jedoch hatte keines Feststellklingen. Die amerikanischen Variationen erschienen entweder mit Griffschalen aus Jigged Bone oder Pyralin. Alle Modelle mit Handschutz wurden zu Beginn des Zweiten Weltkriegs nicht mehr hergestellt, und die Fertigung der Modelle ohne Schutz wurde Mitte der 70er Jahre eingestellt. Bis Mitte der 1960er Jahre kamen bei den Jagdmessern ohne Handschutz des Modells Nr. 9293 Knochen-Griffschalen zum Einsatz, dann wurde auf Griffschalen aus „Improved Stag“ (Kunststoff) umgestellt.

Beide Böker-Unternehmen, in Deutschland und den USA, kamen erst einige Jahre nach dem Zweiten Weltkrieg wieder auf die Beine, und so lange dauerte es, bis sie die Produktion wieder aufnahmen. Nach dem Krieg fielen viele Modelle zugunsten neuer Stile und Muster weg. Das war leider bei den alten Jagd-Klappmesser aus der ersten Hälfte des 20. Jahrhunderts der Fall. Nur ein Typ, das kleinere Fischschwanz-Modell

Unten links: Eine Katalogabbildung aus dem Jahr 1935 zeigt ein „King Cutter"-Jagdmesser mit einer Klinge.

Unten rechts: Eine Abbildung aus einem deutschen Katalog der 1930er Jahre – ein Jagdmesser im Hirschfußstil mit einem ausklappbaren Korkenzieher.

mit Einzelklinge Nr. 9293, überlebte die Einschnitte der Nachkriegszeit. Es wurde eine neue Generation von Jagd-Klappmessern angekündigt.

Modell 2020 – Des Jägers Stolz

Böker stellte seine neue Version des „American Folding Hunters", des typischen amerikanischen Jagd-Klappmessers, um 1954 vor. Das Modell 2020 war eine perfekte Ergänzung des Angebots für den amerikanischen Jäger. Dieses große, schöne Messer besaß einen komfortablen Griff mit echtem, gefrästen braunen Knochenschalen. Die geschlossene Länge betrug 13,3 Zentimeter (5 1/4 Zoll). Es hatte zwei Klingen: Die Clip-Point-Hauptklinge trug eine mattierte Ätzung, die das „Tree Brand"-Logo zeigte. Das zweite Werkzeug war eine unmarkierte Skinner-Klinge.

Das Messer fand bei den amerikanischen Jägern sofort großen Anklang. Das Modell 2020 wird bis heute kontinuierlich hergestellt. In den letzten

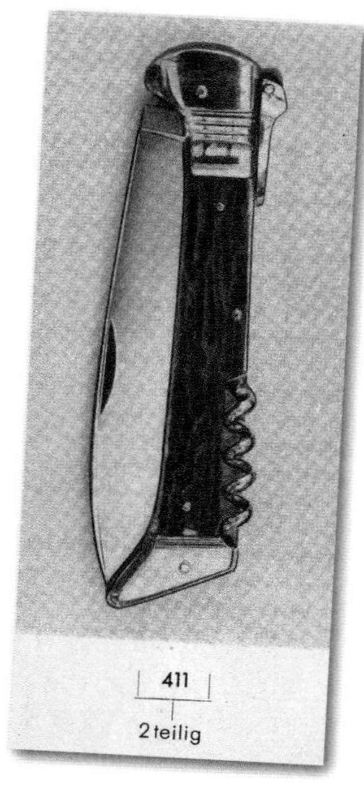

65 Jahren erschien das 2020 mit Griffen aus Delrin, Knochen, Pyralin und Hirschhorn. Es wurden auch mehrere andere Versionen entwickelt, darunter Einzelklingen- und Lockback-Modelle. Die Einzelklingen-version wurde 1976 und 1980 auch als Basismodell für Messer in limitierter Auflage gewählt. Alle diese verschiedenen Versionen des amerikanischen Jagd-Klappmesser wurden ausnahmslos in Solingen hergestellt. Alle wurden mit massiven Messingplatinen gefertigt, und fast ohne Ausnahme wurden sie mit dem runden Solinger Baumlogo verziert. Beide verwendeten auch die Solinger Stempelung auf dem Ricasso.

An dem ursprünglichen Modell 2020 wurden von dem Moment seiner Einführung Mitte der 1950er Jahre bis etwa 1968 keine Änderungen vorgenommen. 1976 wurden die Jigged-Bone-Griffschalen durch Bökers „verbessertes Hirschhorn“ (Delrin) ersetzt. Dieses Griffmaterial wurde bis 1980 für das Jagdmesser 2020 verwendet. Ebenfalls im Jahr 1976 wurde die „Tree Brand“-Ätzung durch ein neues „Tree Brand Classic“-Logo ersetzt.

Unten: Ein Modell 2020 aus den frühen 1960er Jahren mit gefrästen Knochen-Griffschalen.

Zwischen 1978 und 1980 wurde Palisanderholz als bevorzugtes Griffmaterial für das Modell 2020 eingeführt. Diese Kombination war so erfolgreich, dass Böker dieses Messer seit über 36 Jahren unverändert anbietet! Es war diese Kombination von hochwertigen Materialien, die in den amerikanischen Böker-Katalogen als „Hunter's Pride“ (des Jägers Stolz) bezeichnet wurde.

Die erste Version, die aus dem Modell 2020 hervorging, entstand durch den Wegfall der Skinner-Klinge. Dieses einklingige Jagd-Klappmesser war zuerst als Modell 2020/1 bekannt und nach 1975 als Modell 1010. Die 1975er Version wurde mit dunklen Delrin-Griffschalen versehen.

1976 wurde dieses Modell als Basis für das „Heritage of Freedom“-Jubiläumsmesser zur Zweihundertjahrfeier der Vereinigten Staaten in limitierter Auflage von 24.000 Stück verwendet. Es erschien mit einem „Nu Pearl“-Zelluloidgriff, einem großen amerikanischen Adleremblem und einer amerikanischen Flagge aus dem Jahr 1776, die in die Klinge geätzt wurde. Die Flagge war wunderschön in Rot und Blau verziert.

1982 führte Böker jeweils eine Lockback-Version der beiden Modelle 1010 und 2020 ein. Die neuen Varianten trugen die Modellnummern 1011 und 2021, um sie von den Varianten ohne Klingenarretierung zu unterscheiden. Bei beiden Versionen wurden Griffschalen aus Palisanderholz verwendet, und die Klingenätzung zeigte die Marke „Tree Brand Classic“. Diese beiden Modelle wurden bis 1988 kontinuierlich produziert.

Eine neue Version des Modells 2021 bekam 1983 Griffschalen aus Sambar-Hirschhorn. Dieses neue Modell 4021 trug auch eine modifizierte Ätzung auf der Klinge. Neben dem „Tree Brand Classic“-Schriftzug war auch die Stahlsorte 440C zu lesen. Dieses Modell 4021 existierte jedoch nur für kurze Zeit.

1988 wurde im Böker-Katalog ein verändertes Modell 4021 eingeführt. Dieses Messer verfügte über die gleiche matt geätzte Clip-Point-Haupt-

Ein Copperhead-Modell mit zwei Klingen aus den 1990er Jahren.

klinge wie sein Vorgänger, zusammen mit Hirschhorn-Griffschalen. Die Skinner-Klinge war jedoch durch ein neues Werkzeug ersetzt worden: eine Säge. Und auch ein Flaschenöffner wurde hinzugefügt. Diese zweite Version des Modells 4021 unterlag bis heute keinen weiteren Veränderungen und ist tatsächlich seit 1988 in jedem Böker-Gesamtkatalog zu finden.

1994, während der Feierlichkeiten zu Bökers 125-jährigem Jubiläum, wurde eine kürzere Version des „American Folding Hunter“ eingeführt. Das neue Messer war geschlossen nur 9,5 Zentimeter lang, aber gerade dadurch ein großartiges Arbeitsmesser. Weil es kürzer war, konnte der Jäger es auf Wunsch in der Hosentasche tragen. Diese Messer sind heute allgemein als das „Copperhead“-Modell bekannt.

BOKER
U.S.A.
BOKER
TREE BRAND
G. SCHRADE'S
STAINLESS STEEL
HUNTING & FISHING
KNIFE

Anglermesser

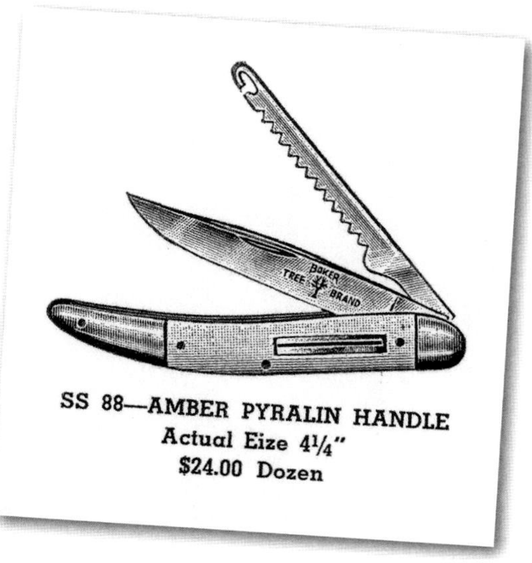

Bökers erstes Messer, das hauptsächlich für Angler entwickelt wurde, war das Modell SS 88 (Stainless Steel = rostfreier Stahl) und wurde um 1954 eingeführt. Dieses amerikanische Modell war ein solides und gut verarbeitetes Messer. Es besaß zwei Klingen: eine schlanke Clip-Point-Klinge und einen Fischschupper mit einem Kapselheber unten an der Klinge und einem Angelhakenlöser an der Spitze. Dieses Modell, das in gelbem Pyralin gehalten wurde, besaß auch einen kleinen Schleifstein für Angelhaken, der in einer Seite des Griffs integriert war. Leider wurde dieses durchdachte Messer nur für wenige Jahre hergestellt.

Oben: Eine Abbildung aus dem Jahr 1954 des Anglermesser-Modells SS 88.

Linke Seite oben: Das SS 88-Anglermesser mit gelben Pyralin-Griffschalen, etwa Mitte der 1950er Jahre.

Linke Seite unten: Ein komplett aus rostfreiem Stahl gefertigtes Anglermesser mit Schrade- und Boker-Beschriftung, zirka 1956 bis 1958.

Als H. Boker & Company 1956 die George Schrade Knife Company übernahm, wurden einige der bestehenden Schrade-Messer zu Böker-Modellen. Jedoch nur für kurze Zeit, da Boker die Schrade-Fabrik im Jahr 1958 stilllegte. Auf einem einzigartigen Exemplar waren sowohl die Namen Schrade als auch Boker auf einem Messer zu lesen. Auf einer Seite des Edelstahlgriffs befindet sich die Aufschrift „G. Schrade Stainless Steel Hunting & Fishing“, während die der Klinge „Boker Tree Brand“ geätzt worden war. Dieses einfache, aber effiziente Messer hatte eine Clip-Point-Klinge mit einem Fischschupper auf dem Klingenrücken. Es besaß auch eine kleine Schiebeverriegelung auf dem Griffrücken, die, wenn sie nach vorne geschoben wurde, die Klinge in der geöffneten Position verriegelte. Dieses Ganzmetallmesser wurde nur zwei kurze Jahre, von 1956 bis 1958, produziert.

Das Modell „Slim Hunter“: 1960 bis heute

1960 führte Böker ein neues Modell ein, das man „Sportsman's Knife“ nannte. Die geschlossene Länge dieses schlanken Trappers betrug 10,2

Rechte Seite oben: Drei Palisander-Varianten aus den 1980ern. Von links nach rechts sieht man ein Zwei-Klingen-Anglermodell, ein Ein-Klingen-Jagdmesser und eine Zwei-Klingen-Version mit einem Vogelhaken.

Rechte Seite unten: Ein Messer des Modells 2000 mit Palisandergriff und Messingbacken, 1980er Jahre.

Unten: Eine Abbildung aus dem Jahr 1976 zeigt zwei Versionen des Slim-Hunter-Modells.

Zentimeter. Die Klinge war 8,3 Zentimeter lang und wurde sowohl in Carbonstahl als auch in rostfreiem Stahl angeboten. Bis 2015 wurde diese Messerform ausschließlich in Solingen hergestellt und in die „traditionelle Serie“ von Heinrich Böker aufgenommen. Bei der Einführung erschien dieses Messer in zwei Griffmaterialien: Jigged Bone und „Nu Pearl“-Pyralin. 1964 wurde eine dritte Option für das Griffmaterial hinzugefügt: gelbes Pyralin. Das gelbe Griffmaterial wurde nur für einen kurzen Zeitraum angeboten. Das „Sportsman's“-Messer mit gelbem Griff ist daher recht selten und konnte nur in Katalogen um 1964 gefunden werden.

Als der Böker/Wiss-Katalog 1972 veröffentlicht wurde, bestanden die Griffschalen des Typs 93 aus „verbessertem Hirschhorn“. Dieses Material war Delrin, das so geformt wurde, dass es wie Jigged Bone (gefräster Knochen) aussah. Das Delrin-Material aus Solingen war dunkler als bei den Delrin-Messern aus dieser Zeit, die von Boker USA hergestellt wurden.

Das „Sportsman's“-Modell 93 wurde bis 1976 nicht verändert. In diesem Jahr wurde eine neue Version des schlanken Trappers für Angler, das Modell 903, eingeführt. Es glich dem Modell 93, doch wurde eine zweite Klinge hinzugefügt. Die sekundäre Klinge diente zum Abschuppen von Fischen und enthielt auch ein Werkzeug zum Hakenlösen. Die Klingen bestanden aus rostfreiem Stahl, und der Griff besaß einen Edelstahlbügel zur Befestigung. Das Modell 903 mit Delrin-Griffschalen wurde jedoch nur etwa ein Jahr lang hergestellt. 1983 wurde es mit Palisanderholzgriff erneut eingeführt.

Ab 1978 verwendete Böker auch Palisandergriffe für die Outdoor- und Sportmesser. Exemplare, die ab dieser Zeit hergestellt wurden, gehören zu den schönsten und elegantesten. Die Palisander-Griff-

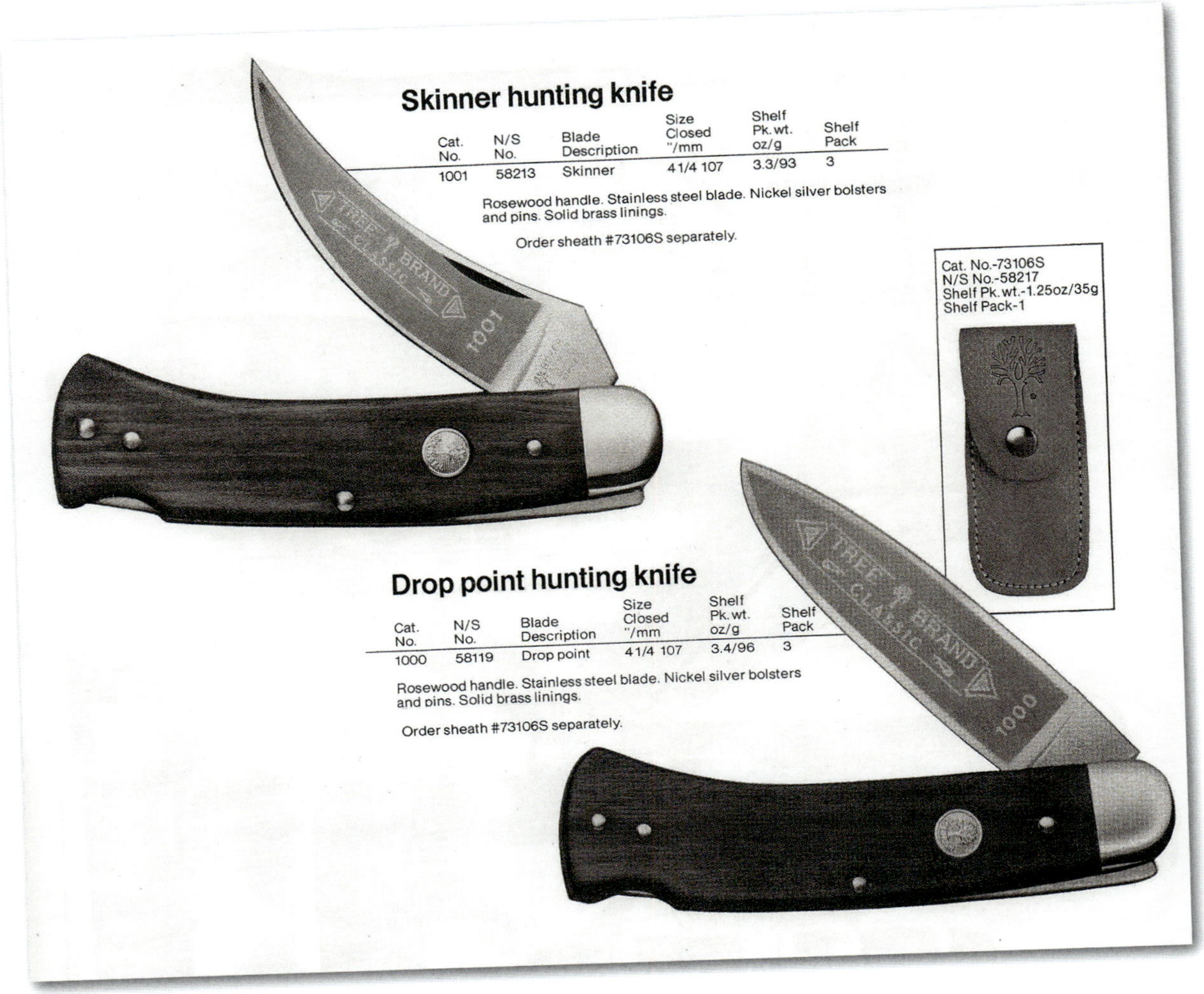

Skinner hunting knife

Cat. No.	N/S No.	Blade Description	Size Closed "/mm	Shelf Pk. wt. oz/g	Shelf Pack
1001	58213	Skinner	41/4 107	3.3/93	3

Rosewood handle. Stainless steel blade. Nickel silver bolsters and pins. Solid brass linings.

Order sheath #73106S separately.

Cat. No.-73106S
N/S No.-58217
Shelf Pk. wt.-1.25oz/35g
Shelf Pack-1

Drop point hunting knife

Cat. No.	N/S No.	Blade Description	Size Closed "/mm	Shelf Pk. wt. oz/g	Shelf Pack
1000	58119	Drop point	41/4 107	3.4/96	3

Rosewood handle. Stainless steel blade. Nickel silver bolsters and pins. Solid brass linings.

Order sheath #73106S separately.

schalen und rostfreien Klingen wurden durch die Stifte und Embnleme aus Neusilber schön akzentuiert. Die traditionellen Messingplatinen trugen zum anspruchsvollen Look des Böker-Sportmessers bei.

1982 wurde ein drittes Modell der Outdoor-Serie eingeführt. Das Modell 93H enthielt eine zweite Hakenklinge, die zum Ausnehmen von Vögeln verwendet wurde. Passend dazu bezeichnete Böker dieses Modell als das „Bird Knife“ (Vogelmesser) oder das „Bird Hunter's Knife“ (Vogeljägermesser). Das Vogelmesser besaß, wie das Anglermesser, einen Edelstahlbügel. In den letzten Jahren, in denen Cooper Tools Eigentümer von Boker USA war, führte man ein exotisches Griffmaterial in die Sportmesser-Serie ein. Die Verkaufsliteratur von 1983 zeigte sechs neue Messermuster mit echten Sambar-Hirschhorn-Griffen. Das Einzelklingen-Sportmesser war eines davon.

Zu diesen Hirschhorngriffen kam, dass die Klingen aus rostfreiem 440C-Stahl gefertigt wurden, damals ein echter Highend-Klingenstahl mit einer Härte von annähernd 60 Rockwell C. Die Klingen wurden mit der „Tree Brand Classic“-Ätzung, dem 440C-Schriftzug und der Typnummer 4093 geätzt. Interessanterweise wurden die ersten 1000 Exemplare jedes Modells mit einer Seriennummer von 1 bis 1000 durchnummeriert. Das machte sie sofort zu Sammlerstücken.

Palisander blieb das primäre Griffmaterial, und rostfreier Stahl war bis 1988 das Klingenmaterial der Wahl für das Modell 93. In diesem Jahr wurde ein schöner, glatter, brauner Knochengriff eingeführt. 1990 wurde für das Modell 93 brauner Jigged-Bone-Griffschalen angeboten. Die Klinge aus rostfreiem Stahl, die seit 30 Jahren ein Fixpunkt war, wurde überraschenderweise durch eine Klinge aus traditionellem Carbonstahl ersetzt, die seitdem verwendet werden.

Linke Seite oben: Eine Abbildung aus einem Katalog von 1982 mit den Lockback-Modellen 1000 und 1001.

Linke Seite unten: Das Modell Fellow 1000 mit roten Jigged-Bone-Griffschalen aus dem Jahr 2010.

Rechte Seite: Ein in Solingen hergestelltes Lockback-Klappmesser mit Perlmutt-Griffschalen aus dem Jahr 2015.

Die 1970er und nachfolgende Jahre

In den 1970er Jahren vollzog sich ein weiter Wandel bei Böker-Jagd-Klappmessern. Einige bestehende Modelle ließ man auslaufen, während andere zu neuen Varianten weiterentwickelt wurden. Das erste von vielen neuen Jagd-Klappmessern wurde 1978 als Modell 1000 Hunter eingeführt. Es wurden zwei Varianten, beide mit Palisanderholzgriff, angeboten. Das Modell 1000 besaß eine Spearpoint-Klinge, das 1001 eine Skinner-Klinge. Die 1000er-Modelle durchliefen in den 1980er Jahren eine Reihe von kosmetischen Veränderungen. Dann, im Jahr 1990, wurde die Produktion eingestellt.

Das Modell 1000 wurde allerdings im Jahr 2000 mit verschiedenen Optionen, darunter Sondermodelle, wieder eingeführt. Im Jahr 2010 wurde das Modell 1000 in „Fellow" umbenannt und erschien mit attraktiven rot gefärbten Jigged-Bone-Griffschalen.

Ein weiteres neues Modell, das 1981 mit an Bord geholt wurde, war das 2000, das von Böker als „Premium Folding Lock Hunting Knife" bezeichnet wurde. Mit einer geschlossenen Länge von 13,3 Zentimetern war das 2000 ein wenig kürzer als sein 2020er Cousin, tatsächlich war es aber ein kräftigeres Messer. Das Einklingen-Jagdmesser kam ursprünglich mit Palisandergriff und Messingbacken. Das Design wurde offensichtlich an das beliebte Modell 110 der Firma Buck angelehnt.

Während das Modell 2000 viele Jahre lang im Programm blieb, wurde 1988 ein eleganteres Modell abgeleitet. Ursprünglich in vier Ausführungen mit den Nummern 2002, 2003, 2004 und 2005 angeboten, waren die Messer prinzipiell identisch mit dem 2000, erschienen aber mit unterschiedlichen Griffmaterialien und Verzierungen. Im Laufe der 2000er-Jahre führte Böker viele Jagd-Klappmesser mit endlosen Optionen ein.

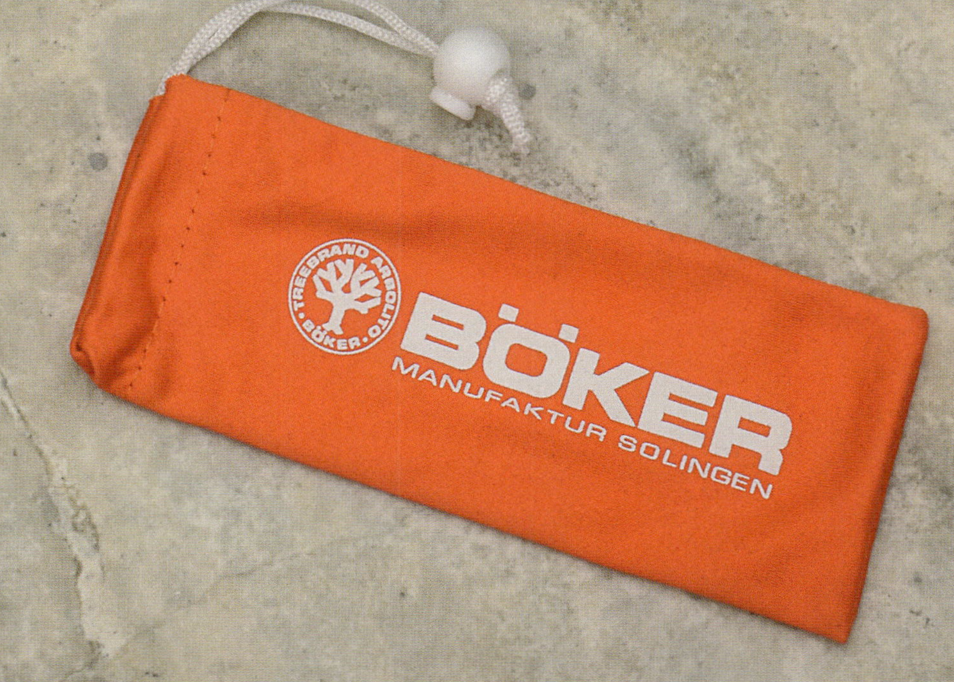

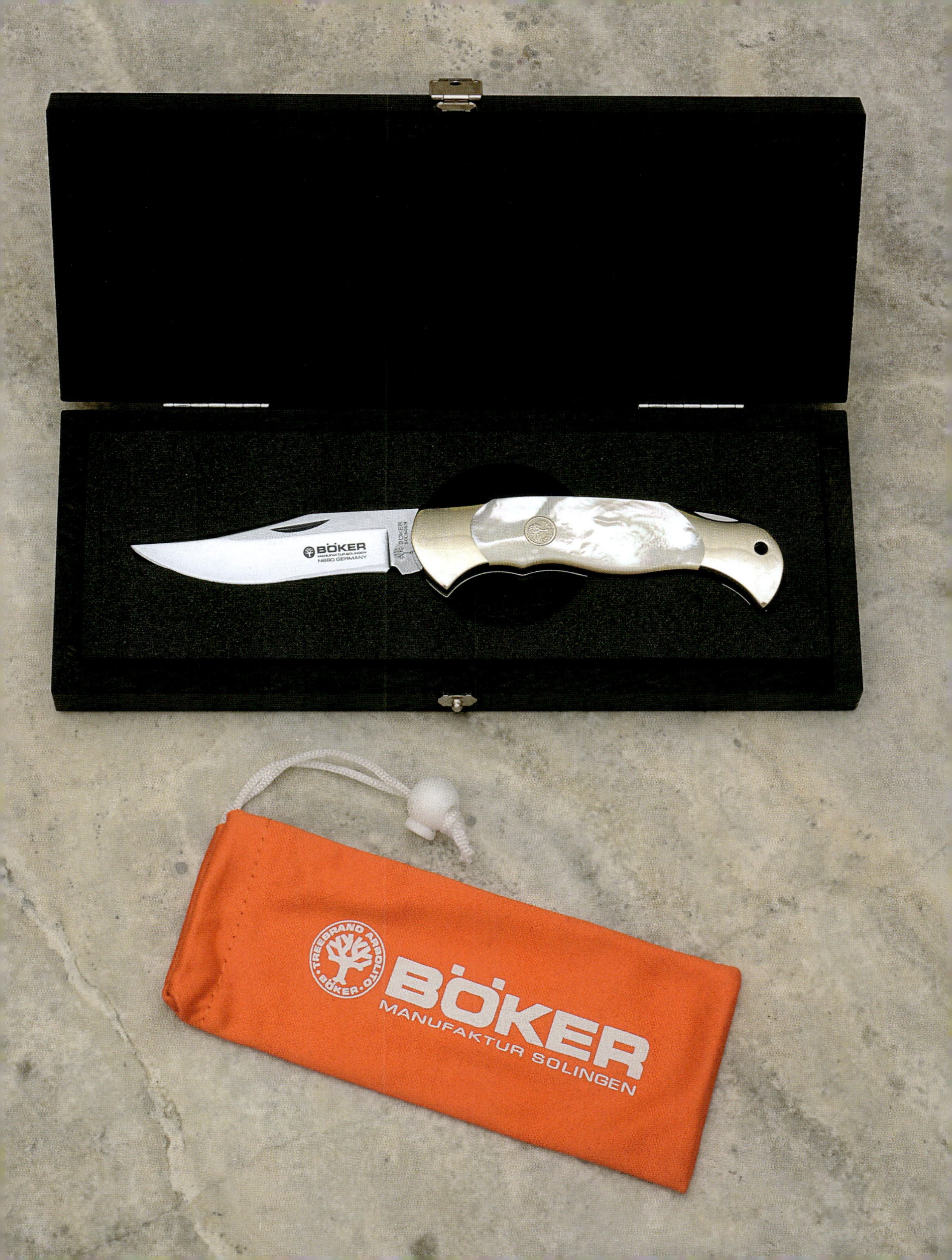
BÖKER
N690 GERMANY
TREEBRAND ARBOLITO
BÖKER
BÖKER
MANUFAKTUR SOLINGEN

TWENTY
ESTABLISHED —— OVER 90 YEARS
PHILIP MORRIS & Co. LTD. INC.
FINEST
SELECTION
ENGLISH BLEND
MADE IN U.S.A.
BY
PHILIP MORRIS & CO. LTD. INC. NEW YORK
H.BOKER&CO.
SOLINGEN
GERMANY

Springmesser
Auf Knopfdruck bereit

Auch wenn Springmesser meist mit italienischen Stilettos in Verbindung gebracht werden, übten auch die deutschen Hersteller in diesem Bereich einen großen Einfluss aus. Tatsächlich hat kein anderes Land eine größere Vielfalt an einzigartigen Springmesser-Modellen produziert als Deutschland. Obwohl die Solinger Hersteller eine Vielzahl faszinierender Mechanismen schufen, sind sie vor allem für ihre Springmesser mit Lever-Lock (mit umklappbarem Hebel als Auslöser) bekannt. Erstmals wurde ein Springmesser aus Deutschland schriftlich von Bonsa erwähnt, einem Markennamen von Böntgen & Sabin. Auf einem alten Briefkopf von Bonsa ist „Springmesser seit 1876" zu lesen.

Der Pfeil durch ein X war eine eingetragene Marke von Heinrich Böker Remscheid und wurde 1895 registriert. Er ist auf einigen seltenen Klappmessern zu sehen. Die Messer wurden in Solingen für die Firma Böker in Remscheid hergestellt.

Auch wenn es keine Dokumente von Böker über alte Springmesser gibt, konnten sie mindestens bis in das späte 19. Jahrhundert zurückverfolgt werden. Diejenigen, die mit den Böker Lever-Lock-Springmessern vertraut sind, erinnern sich wahrscheinlich an die 712er-Serie aus den 1960er bis 1990er Jahren. Tatsächlich erschienen Lever-Lock-Modelle bei Böker aber schon fast ein Jahrhundert zuvor. Auch wenn sich die deutschen und amerikanischen Böker-Unternehmen einen Namen teilten, gab es auch exklusive Kennzeichnungen für die einzelnen Firmen. Dazu gehörte der Pfeil, der durch ein X verläuft. Diese Marke wurde nur von Heinrich Böker in Deutschland verwendet. Die Pfeilmarke wurde 1895 eingetragen und sowohl auf Werkzeugen als auch auf Schneidwaren ver-

Rechte Seite oben: Diese beiden Messer repräsentieren das älteste bekannte Lever-Lock-Springmesser von Böker (oben) aus dem späten 19. Jahrhundert, mit dem Pfeil durch ein X als Logo, sowie ein frühes Nachkriegsmodell Nr. 712 (unten).

Linke Seite unten: Das erste Böker Lever-Lock-Modell, wie im Katalog von 1928 abgebildet, ist eine große Variation mit einer Gesamtlänge von 24,1 cm. Dieses schöne Messer, das in keiner anderen Böker-Literatur zu finden ist, war wohl nur kurze Zeit verfügbar.

wendet. Diese Kennzeichnung trugen nur die hochwertigsten Produkte von Heinrich Böker. Das erste bekannte Böker Lever-Lock-Springmesser trägt diese Pfeilmarke und stammt aus dem späten 19. Jahrhundert. Mit einer Grifflänge von 11,1 Zentimeter und doppelten Backen hatte es – im Vergleich zu anderen in Deutschland hergestellten Lever-Lock-Springern aus dieser Zeit – eine gängige Größe und ein geläufiges Design. Vorne auf dem Ricasso sieht man die Prägung eines Pfeils, der ein X durchquert, mit den Worten „Solingen" und „Alemania" (Spanisch für Deutschland) auf der Rückseite des Ricassos. Obwohl Heinrich Böker den Sitz in Remscheid hatte und alle Werkzeuge der Firma dort hergestellt wurden, erfolgte die Produktion alle Taschenmesser in Solingen.

Das erste dokumentierte Böker Lever-Lock-Messer erscheint im Katalog von 1928. Innerhalb der Lever-Lock-Modelle war die 1928er Variante mit einer Grifflänge von 15,9 cm und einer Gesamtlänge von 24,1 cm außergewöhnlich groß. Sie hatte keine hinteren Backen. Dieses Modell wurde in Deutschland für den amerikanischen Markt hergestellt und trägt den Schriftzug „H. Boker & Co. Solingen", der längs auf der Clip-Point-Klinge verläuft. Aufgrund der Seltenheit dieses 1928er Lever-Lock-Modells ist anzunehmen, dass nur wenige davon gefertigt wurden. Böker bot in den 1930er Jahren erneut ein Lever-Lock mit 11,1 cm Standard-Griffgröße an, das den ursprünglichen Varianten aus dem späten 19. Jahrhundert optisch ähnlich war. Es gab zwei verschiedene Varianten im Programm. Eine mit abgerundeten Backen an beiden Griffenden und eine mit Patronenzieher-Backen an der Oberseite. Diese beiden Modelle wurden als Nummer 386 und Nummer 227 gelistet. Sie wurden in den 1930er Jahren produziert und 1939 aus der Produktion genommen.

Wahrscheinlich in den späten 1950er Jahren führte Böker erneut ein Lever-Lock-Springmesser ein, das den Modellen aus den 1930er Jahren ähnelte. Ein kleiner Unterschied war jedoch, dass die Nachkriegsmodelle hinten abgerundete Backen hatten, während diese in den 1930ern einen leichten Haken oder Vogelschnabel aufwiesen. Diese frühen Nachkriegsvariationen waren für Böker die ersten Lever-Locks der neuen Genera-

712
H.BOKER&CO.
SOLINGEN

H.BOKER
&CO
712R
ROSTFREI

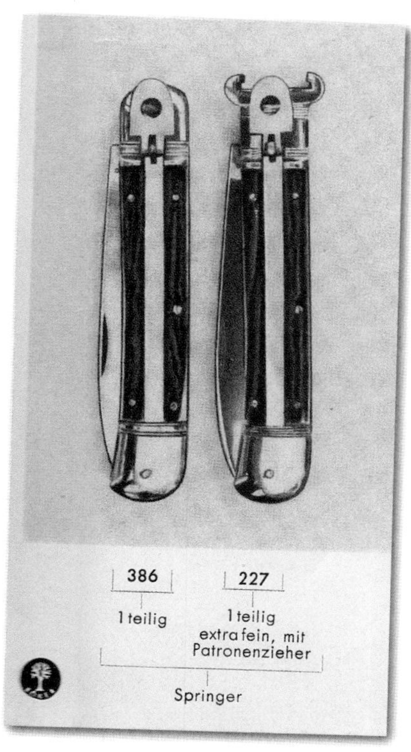

tion und trugen eine „712"-Ätzung auf der Klinge, dazu eine „Boker Solingen"-Prägung.

Diese ersten Modelle besaßen hintere Backen und Klingen aus Kohlenstoffstahl wie ihre Vorfahren aus dem 19. Jahrhundert, aber das sollte sich bald ändern. Das Modell „712" wurde in den 1960er Jahren in „712R" umbenannt, wobei mehrere Modifikationen vorgenommen wurden. Während die neuen 712R-Modelle mit einer Grifflänge von 11,1 cm noch genauso groß waren, hatten sie die hinteren Backen abgelegt und Klingen aus rostfreiem Stahl bekommen. Auch die Federn des Klapphebels waren kürzer geworden und nahmen noch etwa zwei Drittel der Grifflänge ein. Während sich bei den 712er Modellen ein vollständiges Loch im Auslösehebel fand, war der Hebel bei den 712Rer Modellen nicht komplett durchlocht, sondern nur bis zu einer gewissen Tiefe.

Von den 1960er bis 1990er Jahren gab es eine Reihe von kleinen Änderungen an den 712R-Modellen. Sie besaßen Griffe aus Knochen und schwarzem Delrin, während identische Messer mit echten Hirschhorn-Griffschalen die Nummer 715R tragen. Aber auch 712R-Modelle wurden mit Hirschhorn-Schalen gefunden, so dass es im Werk möglicherweise zu Verwechslungen kam. Im Laufe der Zeit wurden verschiedenste Griffbeschalungen verwendet, darunter echtes Hirschhorn, Delrin, Elfenbein, Perlmutt und Knochen in verschiedenen Farben. Zudem wurden für einige Sondermodelle Damastklingen angeboten.

1982 wurde der Buchstabe „R" weggelassen, und die Lever-Locks wurden wieder als Modell 712 bezeichnet. Aufgrund steigender Produktionskosten und strengerer deutscher Messergesetze wurden 1996 die 712er-Lever-Lock-Modelle aus der Produktion genommen. Die Fertigung der 715er-Modelle wurde im Jahr 2000 eingestellt.

Obwohl federgestützte Lever-Lock-Modelle die am häufigsten gesehenen Böker-Springmesser waren, produzierte das Unternehmen auch

Oben: Zwei Springer, der rechte mit Patronenauszieher-Backen, im Katalog von 1936.

Linke Seite oben: Ein seltenes Druckknopfmodell, das etwa von 1900 stammt, wurde vom Jagd-Klappmesser Nr. 6656 abgeleitet.

Linke Seite unten: Eine Gruppe von vier 712R mit verschiedenen Griffmaterialien und Backen (1970er und frühe 1980er Jahre).

Rechte Seite oben: Dieses Modell mit Tab-Auslöser von Böker ist selten und auch mit den Logos mehrerer anderer deutscher Hersteller aus den 1920er und 1930er Jahren zu finden. Die Taste an der Seite des S-förmigen Handschutzes wird mit dem Daumen nach außen gedrückt, um die Klinge herausspringen zu lassen.

Rechte Seite unten: Dieses Lever-Lock-Messer mit mehreren Klingen ist eher ein entfernter Cousin der regulären Böker-Klappmesserreihe. Es wurde von Wilhelm Weltersbach in den 1950er Jahren im Auftrag von Hans Wilhelm Böker gefertigt.

einige andere Springmesser-Varianten. Darunter befanden sich zwei außergewöhnliche Modelle, die Anfang des 20. Jahrhunderts erschienen sind. Das erste basierte auf einem bestehenden Lock-Back-Einklingen-Jagdmesser mit der Modellnummer 6656, das von Ende des 19. bis Anfang des 20. Jahrhunderts hergestellt wurde. Bei der Springmesser-Version dieses Messers wurde die Klinge durch einen Druckknopf ausgelöst. Es war im Grunde genommen eine direkte Kopie des Press-Button-Springmessers von George Schrade, das 1892 eingeführt wurde. Obwohl es keine Aufzeichnungen für das Böker-Modell mit Druckknopfauslöser gibt, wurde es höchstwahrscheinlich bereits um 1900 und in sehr begrenzter Anzahl hergestellt.

Das zweite einzigartige Böker-Springmesser war ein Modell mit Tasten-Auslöser (Tab Release). Eine Taste war an der Rückenfeder befestigt und konnte mit dem Daumen nach außen gedrückt werden, um die verriegelte Klinge zu lösen und per Federdruck zu öffnen. Die Klinge wurde auch in der geöffneten Position verriegelt. Mehrere verschiedene Schneidwarenhersteller aus Deutschland boten das gleiche Modell an. Wahrscheinlich stellten aber nur ein oder zwei Unternehmen diese Messer tatsächlich her und lieferten sie an andere Firmen. Böker könnte eigene Tab-Release-Springmesser gefertigt haben, viel wahrscheinlicher ist jedoch, dass das Unternehmen in den 1920er bis frühen 1930er Jahren einen anderen Schneidwarenproduzenten mit deren Herstellung beauftragt hatte.

Zwei weitere spezielle Lever-Lock-Springmesser, die den Namen Böker tragen, sind ebenfalls ein kleines Rätsel. Das erste ist ein großformatiges Modell, das eine Grifflänge von erstaunlichen 20,3 Zentimetern und eine Gesamtlänge von 35,6 Zentimetern (!) in geöffneter Position aufweist. Es gibt keine Aufzeichnungen über diesen großen Burschen. Jedoch lassen der Klingenstempel „H. Boker & Co. Improved Cutlery“ und der Messerstil darauf schließen, dass es aus den 1930er Jahren stammt. Während dieses überdimensionale Lever-Lock-Messer als großes Jagdmesser hätte verwendet werden können, wurde es wohl eher als Ausstellungsmodell

Oben: Eine Seltenheit ist dieser Leverlock-Springer mit einer Gesamtlänge von 35 Zentimetern.

Rechte Seite oben: Ein modernes Kalashnikov-Automatikmesser mit Schraubenfeder-Mechanismus, das 2003 eingeführt wurde.

Rechte Seite unten: Böker-Werbeanzeige von 1996 mit den neuen Speed-Lock-Modellen mit Aluminiumgriff und Druckknopf. Dieses beliebte Modell überflügelte bald die Lever-Lock-Modelle, die mehr als 100 Jahre lang hergestellt worden sind.

für den Einzelhandel hergestellt, um damit die Aufmerksamkeit auf Böker-Springer und -Klappmesser zu lenken.

Bei dem anderen Messer handelt es sich um ein mehrklingiges Lever-Lock-Modell, das den Namen „H. W. Boker – Solingen“ auf der Klinge trägt. H. W. Boker steht für Hans Wilhelm Böker. Er leitete von 1925 bis 1933 zusammen mit H. A. Heuser die Solinger Firma Heinrich Böker. Schließlich verließ Hans Wilhelm Böker irgendwann nach 1933 das Unternehmen und gründete seine eigene Firma namens „H. W. Böker“.

Das neue Unternehmen bot für kurze Zeit nach dem Zweiten Weltkrieg Messer, Rasiermesser und Scheren an und ist auch heute noch mit Scheren und Maniküre-Sets im Geschäft. Das mehrklingige Lever-Lock-Modell mit der Bezeichnung „H. W. Böker“ war ein in Auftrag gegebenes Messer, das in den 1950er Jahren von der Schneidwarenfabrik Wilhelm Weltersbach hergestellt wurde.

Kurz bevor die Lever-Lock-Modelle 712 und 715 eingestellt wurden, entwickelte man bei Böker in Solingen ein völlig neues Springmesser-Modell. Böker schloss sich dem Trend der neuen, modernen und eher taktisch-funktional gestalteten Springmesser an, die Anfang der 90er Jahre auftauchten, und stellte die eigene Version eines taktischen Modells mit

Knopfdruck-Auslöser und Aluminiumgriff vor, das „Speed Lock“ genannt wurde. Diese neuen Modelle waren ab 1995 erhältlich und ein sofortiger Erfolg. Schon bald überstrahlten sie die traditionellen Böker Lever-Lock-Springmesser mit glänzenden Verkaufszahlen. In den kommenden zwei Jahrzehnten folgten zahlreiche neue Varianten der Speed-Lock-Serie, mit unterschiedlichen Größen und vielen verschiedenen Materialkombinationen. Es wird bis heute produziert und erfolgreich verkauft.

Im Jahr 2003 führte Böker ein weiteres neues, taktisch gestaltetes Springmesser namens Kalashnikov ein. Dieser Name kommt vielen sicher bekannt vor: In der Tat handelt es sich um denselben berühmten Konstrukteur, dessen Name mit dem russischen Automatikgewehr AK-47 verbunden ist. Mikail Kalashnikov entwarf die AK-47 und autorisierte später die Verwendung seines Namens auf Bökers neuem Druckknopf-Automatikmesser. Das Böker Kalashnikov wurde von den Messerfans gut angenommen und wird ebenfalls heute noch produziert.

CHROMIUM
STAINLESS FINISH

Jagdmesser mit feststehender Klinge

Robuste Klassiker für Jagd und Outdoor

Im 19. Jahrhundert trug fast jeder amerikanische Soldat, Jäger oder Outdoorfan irgendeine Art von großem Bowie-Messer bei sich. Gegen Ende des 19. Jahrhunderts jedoch schrumpfte die Größe der Messer, und ein Jagdmesser im neuen Stil trat in Erscheinung. Im Jahr 1902 führte der Hersteller Marble's aus Gladstone, Michigan, eine neues Jagdmesser mit feststehender Klinge namens „The Ideal" ein. Dieses neue Modell wurde zum Standard, den viele Messerhersteller kopierten. Auch Böker gehörte dazu.

Auch wenn Böker vermutlich schon früher ein Jagdmesser dieses Typs eingeführt haben mag, stammen die ersten gedruckten Nachweise aus einem um 1930 entstandenen Böker-Fabrikkatalog. Der Katalog aus Solingen enthält fünf Seiten mit amerikanischen (vom Typ Marble's) und deutschen Jagdmessern, auch als Nicker-Messer bezeichnet. Das oder der Nicker war als traditionelles deutsches Jagdmesser seit mindestens Anfang des 19. Jahrhunderts in Deutschland und Europa beliebt. In den Sammlungen der Vereinigten Staaten existieren nur wenige Nicker. Diese sind jedoch interessante und gut gefertigte Messer.

Obwohl es schwierig ist, die Entstehungszeit von sehr vielen Messern verschiedener Schneidwarenhersteller weltweit zu bestimmen, können oft Hinweise und Merkmale bei der Eingrenzung eines Zeitraums helfen. Zu den identifizierenden Faktoren, die sich bei Jagdmessern mit feststehender Klinge finden lassen, gehören: Klingenformen, zusammen mit der möglichen Zugabe von Hohlkehlen (Rillen in der Klinge), Griffformen und -materialien sowie Knaufformen (das Endstück eines Griffs).

Marble's Ideal Hunting Knife

These knives are different from any other one-piece knives on the market—better. Not better because we say so, but better because they are hand tempered, hand finished and hand tested from the finest knife steel in the world, and made on the famous Marble model, which has the unqualified endorsement of the greatest sporting experts of America.

They have no wide guard to get in the way—they slip down into a sheath, clean and clear, so that they cannot fall out or catch on a bush and be pulled out, and they hold a keen edge under ordinary use without nicking or bending. They are thoroughly dependable knives—beautiful and durable.

The regular "Ideal" knives are made with five, six, seven or eight-inch blades, and the quality is exactly the same in all. Made in two styles. Black or russet sheath furnished with each knife. The blade, as at present made, is a modification of the two shapes of blades formerly made, known as sticking and skinning points, and is claimed by many expert hunters and woodsmen to combine more of the essential qualities for all-around use than are usually found in one style of knife.

The new blades are slightly thinner than the old pattern, and carry a more gradual bevel back of the edge. The bone chopper at back of point is a valuable feature for rough work.

The stripes or trimmings at each end of the No. 1 and No. 2 handles are made up of alternate washers of colored hard fiber and brass or German silver, that are a driving fit on the tang. The center of the No. 1 handle is composed of leather washers put on under heavy pressure and held in place by the nut countersunk into the end of stag tip. The No. 2 is the same construction except that the center is composed of two grooved slabs of selected stag riveted together and driven on the tang the same as the washers.

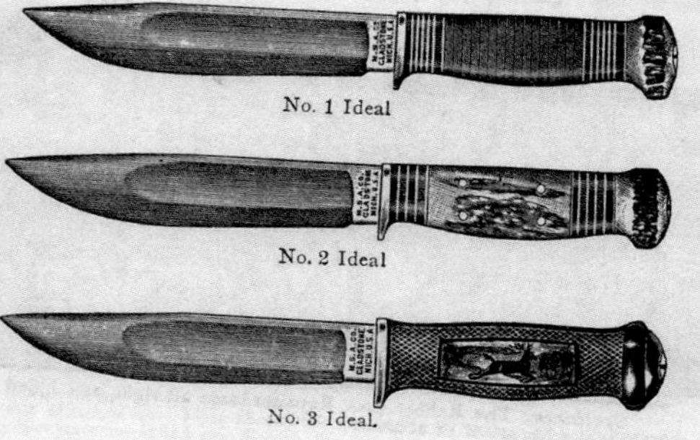

Klingen von früheren Böker-Jagdmessern vor dem Zweiten Weltkrieg haben in der Regel eine etwas komplexere Form. Diese Klingen besitzen gewöhnlich eine längere falsche Schneide auf dem Klingenrücken sowie Hohlkehlen, die meist entlang der halben Klingenlänge verlaufen. Einige wenige Jagdmesser der Nachkriegszeit besitzen solche Hohlkehlen, die jedoch etwas kleiner und kürzer sind als bei den Vorkriegsmessern.

Sowohl Vorkriegs- als auch Nachkriegsjagdmesser finden sich mit Griffen aus Hirschhorn oder gestapelten Lederscheiben. Das Alter eines frühen Messers ist im Vergleich zu einem neueren Modell jedoch meist offensichtlich. Der Knauf ist auch ein guter Indikator für das ungefähre Alter: Vor dem Zweiten Weltkrieg besaßen die Jagdmesser Knäufe, die entweder rund waren oder eine abgestufte schuhähnliche Form hatten. Späterer Nachkriegsmodelle verfügten über glatte schuh- oder hornförmige Knäufe.

Kurz vor dem Zweiten Weltkrieg stellte Böker ein interessantes Jagdmesser amerikanischer Prägung mit der Modellnummer 152 vor. Es war eine Kopie eines bestehenden Typs, der von mehreren anderen Messerfirmen hergestellt wurde. Die Bauart war sehr einfach, mit einer Clip-Point-Klinge und zwei flachen Griffschalen aus Jigged Bone, die auf die durchgehende Angel genietet wurden. Auch wenn das 152 von einfacher Machart war, so war es doch ein beliebtes, preiswertes und langlebiges Messer für Jugendliche oder Outdoorfreunde. Diese Modelle hatten eine Gesamtlänge von 22,23 cm (8 3/4 Zoll) und waren von etwa 1939 bis Ende der 1950er Jahre verfügbar. Eine kleinere Version des 152er Modells war auch in den 1950er Jahren erhältlich und hieß Modell 151. Mit nur 14 Zentimetern Gesamtlänge war es ein perfektes Einstiegsmesser für Jungen und Mädchen.

Während des Zweiten Weltkriegs produzierten Schneidwarenhersteller auf der ganzen Welt Messer für die jeweiligen Streitkräfte. Böker in Deutschland fertigte Messer für das deutsche Militär, während Boker in Amerika Messer für das amerikanische Militär herstellte. Die Vereinigten

Linke Seite oben: Ein Ausschnitt aus einem Marble's-Katalog aus 1905.

Linke Seite unten: Ein Ausschnitt aus einem Böker-Werkskatalog aus den 1930er Jahren zeigt vier verschiedene Jagdmesser. Die zwei oberen sind Messer im Marble's-Stil, das dritte Messer von oben ist ein traditioneller deutscher Nicker.

CHROMIUM
STAINLESS FINISH
RAZOR

Staaten beauftragten viele Schneidwarenfirmen mit der Produktion des Mark I-Kampfmessers mit feststehender Klinge nach staatlichen Vorgaben. Böker war eines der Unternehmen, die das Mark I herstellten, das entweder über eine Metall- oder eine Lederscheide verfügte. Die Böker-Exemplare besaßen eine flach geschliffene Clip-Point-Klinge mit einem ovalen Handschutz aus Stahl. Der Griff war aus gestapelten Lederscheiben aufgebaut und hatte am Ende einen großen Kunststoffknauf. Alle Modelle trugen die Bezeichnung „H. Boker & Co. USA." Einige hatten einen zusätzlichen „USN"-Stempel auf der Klinge.

Nach dem Zweiten Weltkrieg produzierte Böker weiterhin eine breite Palette von feststehenden Jagdmessern. Ein interessantes Modell war das 158 „2-Piece Combination Set". Es enthielt zwei unterschiedlich große Messer in einer braunen Leder-Doppelscheide. Dieses einzigartige Set wurde in den 1950er Jahren angeboten.

In den 1960er Jahren führte Böker ein weiteres auffälliges Jagdmesser ein. Dieses Modell wurde als Silver Streak bezeichnet und war ein robustes Messer mit einer extra starken Klinge. Der Griff bestand aus abwechselnden Schichten aus Aluminium und schwarzem Fasermaterial. Obwohl das Silver Streak ein attraktives Messer war, handelte es sich um eine Kopie eines bestehenden Messers namens Black Beauty von der Western Knife Company, das etwa ein Jahrzehnt zuvor, im Jahr 1956, eingeführt worden war. Das Silver Streak scheint in den 1960er Jahren auch nur eine kurze Zeit produziert worden zu sein.

Linke Seite oben: Ein Jagdmesser mit Scheide aus der Vorkriegszeit.

Linke Seite unten: Das untere Messer ist ein Modell Nr. 152, darüber die kleinere Variante 151.

Unten: Ein Katalogauszug aus dem Jahr 1954 zeigt das größere Modell 152. Mit 14 Dollar für das Dutzend war es ein preiswertes, solides Werkzeug.

Während der gesamten Nachkriegszeit wurden feststehende Jagdmesser von Böker in Deutschland und den Vereinigten Staaten hergestellt. In beiden Ländern wurden ähnliche Messer produziert. Eine große Auswahl an verschiedenen Jagdmessertypen und -größen wurde sowohl in Deutschland als auch in den USA gefertigt, um die Bedürfnisse jedes

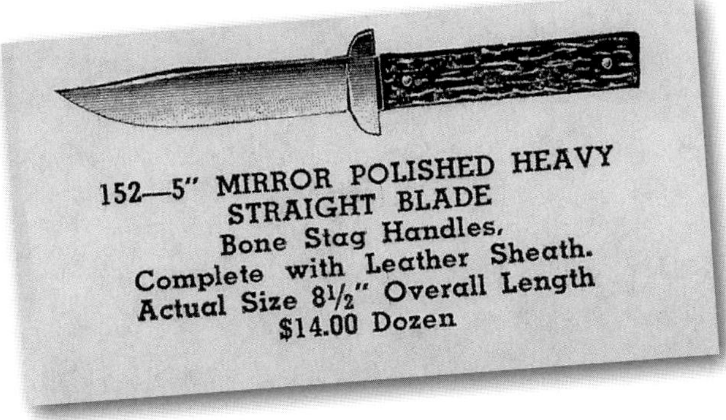

Rechte Seite: Das Modell 158 als 2-teiliges Kombinationsset. Ein Katalogausschnitt aus dem Jahr 1954 zeigt das gleiche Set.

Unten: Drei verschiedene Jagdmesser aus dem Zeitraum der 1950er bis 1970er Jahre.

Outdoorfans zu erfüllen. Die verbreitetsten Modelle waren die mit Ledergriff. Leider beendete Böker die Produktion dieser klassisch gestalteten, Ledergriff-Messer im Jahr 1980 mit dem Aufkommen einer neuen Jagdmesser-Reihe mit feststehender Klinge.

1981 brachte Böker eine neue Serie von Jagdmessern auf den Markt, die Serie 500. Diese Modelle hatten ein völlig neues, modernes und stark gekrümmtes Design. Die Klingen waren aus rostfeiem Stahl gefertigt, die schwarzen Griffe aus Kunststoff. Diese Modelle waren offensichtlich nicht allzu beliebt und wurden noch irgendwann vor 1988 durch traditionell aussehende Jagdmesser mit Holzgriff ersetzt. Seit 1988 bietet Böker weiterhin viele verschiedene Arten von Messern mit feststehenden Klingen an, darunter Bowie-Messer im Retro-Stil und verschiedene Modelle im Militärstil.

158—2 PIECE COMBINATION SET
Hand Ground to Keen Lasting Edges
Leather Handles, Brass and Colored
Fibre Trim, Complete with Dual
Embossed Leather Holder
Large Knife—8¼" Overall Length
Small Knife—6¼" Overall Length
$48.00 Dozen.

H.BOKER & Co SOLINGEN
ARBOLITO

Bowie-Messer

Der große amerikanische Klassiker

Die USA und England trieben den Bowie-Messer-Rausch im 19. und frühen 20. Jahrhundert sicherlich voran, aber sie waren nicht die einzigen Spieler auf diesem Feld. Deutschland, insbesondere Böker, profitierte ebenfalls von diesem überaus beliebten Messertyp.

Als Böker die Arena der Bowie-Messer betrat, hatten diese bereits eine zwischenzeitliche Änderung gegenüber den Originalmodellen aus der Mitte des 19. Jahrhunderts durchlaufen. Die originalen Bowies aus den 1830er bis 1870er Jahren waren eine notwendige Ergänzung zu den weniger zuverlässigen Schusswaffen von damals. Als in den 1860er Jahren die eingeschlossene Metallpatrone und der Revolver zur Norm wurden, verlor das Bowie-Messer als Waffe an Bedeutung. Die 1880er Jahre waren eine Übergangszeit für das Bowie-Messer, das damals oft als „Bowie Hunter" bezeichnet wurde. Die Bowie Hunter-Modelle waren im Allgemeinen kleiner als die ursprünglichen Bowie-Messer und hatten auf der ganzen Linie eine ziemlich einheitliche Form angenommen. Die frühen Bowie-Messer konnte man in einer Vielzahl von Stilen und Formen sehen, während die späteren Bowie-Hunter-Modelle bereits die Form aufwiesen, die die meisten Menschen heutzutage wiedererkennen.

Stahlwaren-Fabrik

Heinr. Böker & Co. / Solingen

Gegründet wurde die Firma Heinr. Böker & Co. im Jahre 1869 von Heinrich Böker, Remscheid, und Hermann Heuser, Remscheid.

Das Werk im Jahre 1869.

Im Anfang des Bestehens der Firma beschränkte sich die Fabrikation auf Taschenmesser und Scheren. — Früh in den 80er Jahren wurde die Fabrikation von Rasiermessern aufgenommen und ebenso die Herstellung aller Art von Tafel-, Küchen- und Dolchmesser etc.

Die Güte der mit dem Namen „Heinr. Böker & Co." und dem Fabrikzeichen gezeichneten Waren eroberten der Firma immer mehr die Märkte der Welt, und die fortwährend steigende Nachfrage nach „Böker"-Erzeugnissen erforderte eine ständige Vergrößerung der Fabrikanlagen. Die Leistungsfähigkeit wurde gleichzeitig durch neuzeitliche Einrichtungen immer mehr vervollkommnet. Zur Herstellung ihrer Erzeugnisse verwenden Heinr. Böker & Co. ausschließlich den allerbesten Stahl, der eigens für die Fabrikation von Taschenmessern und Rasiermessern, Scheren, Tafel- und Tranchiermessern, Dolchen und Kampmessern etc. hergestellt wird. — Die Bearbeitung und Ausführung richtet sich nur nach dem Grundsatz „Das Beste ist gerade gut genug".

Eine vielfache scharfe Kontrolle jeden Artikels von der ersten Bearbeitung bis zur Ablieferung wird streng durchgeführt.

Sämtliche Stahlwaren tragen den Namen der Firma „Heinr. Böker & Co." in Verbindung mit dem eingetragenen Fabrikzeichen

Diese Zeichen geben dem Käufer und Konsumenten die unbedingte Gewähr für die Qualität sämtlicher gelieferter Fabrikate. Der Name „Heinr. Böker & Co." sowohl als auch das bekannte Warenzeichen sind in den meisten Ländern der Welt eingetragen.

Das Werk im Jahre 1914.

190

MANHATTAN
CUTLERY CO
SHEFFIELD
FREE-BRAND
H. BOKER & CO'S
CUTLERY

Hermann Boker & Co. lieferte eine große Menge an Waffen und Schwertern für den amerikanischen Bürgerkrieg. Einer der Waffenhersteller, die Boker schon früh vertrat, war die Firma „Manhattan Firearms Manufacturing“ aus New Jersey. Doch Boker war mehr als nur ein Vertrieb für die Firma, denn 1859 wurde die Anschrift von Manhattan Firearms mit der Adresse von Boker in der Cliff St. 50, New York, gleichgesetzt. Die genaue Verbindung zwischen den beiden Unternehmen ist nicht mehr bekannt, aber es gab sicherlich einige Gemeinsamkeiten. Leider wurde die Produktion eines der Revolver von Manhattan Firearms gegen Ende 1861 aufgrund einer Klage von Smith & Wesson gegen Hermann Boker & Co. gestoppt. 1862 wurde gerichtlich bestimmt, dass die Produktion dieser Modelle eingestellt werden müsste.

Das muss verheerende Auswirkungen auf die Manhattan Firearms Co. gehabt haben. Der Name des Unternehmens wurde 1868 in „American Standard Tool Company“ geändert, und ab 1873 war das Unternehmen nicht mehr aktiv. Doch was hat dieser kleine Ausflug zu den Schusswaffen mit Messern zu tun? Nun, die ersten bekannten Bowie-Messer, die Boker verkaufte, trugen die Kennzeichnung „Manhattan Cutlery Co. Sheffield“. Diese Bowie-Hunter-Modelle, die offensichtlich nicht von Boker in USA oder Böker in Solingen hergestellt wurden, waren die frühesten Hausmarkenmesser, auf denen ein anderer Name als „Boker“ zu lesen war. Es wird davon ausgegangen, dass man diesen Markennamen während oder nach der Verbindung mit der „Manhattan Firearms Co.“ von etwa 1859 bis möglicherweise Anfang des 20. Jahrhunderts verwendete.

Ein bekanntes frühes Bowie-Jagdmodell trägt die Prägung „Manhattan Cutlery Co. Sheffield“ auf der Klinge. Das Fehlen eines Länderstempels (in diesem Fall England) würde darauf hindeuten, dass dieses Messer dem U.S. Tariff Act von 1891 vorausging. Dieses Zollgesetz schrieb vor, dass alle Schneidwaren mit einem Ursprungsland gekennzeichnet sein müssen. Wenn man also von den Markierungen und dem Stil des Messers ausgeht, könnte dieses besondere Bowie-Hunter-Modell mit der

Linke Seite oben: „Manhattan Cutlery Co. Sheffield“, hergestellt für den nordamerikanischen Markt. Importiert wurden diese Messer von der New Yorker H. Boker & Co. um 1880 bis 1890. Dieses Exemplar trägt Hirschhorn-Griffschalen und eine 15,2 cm lange Klinge aus Kohlenstoffstahl. Handschutz und Schild sind aus Neusilber gefertigt.

Linke Seite unten: „H. Boker & Co. Cutlery Germany“ mit „Tree Brand“-Prägung entlang der Klinge, in Solingen produziert für den US-Markt um 1906. Jigged-Bone-Griffschalen, 14,6 cm lange Kohlenstoffstahlklinge, Parierstange aus Neusilber.

H.BOKER & CO
SOLINGEN
ARBOLITO
HEINR. BÖKER & CO. 
SOLINGEN-ALEMANIA
ARBOLITO

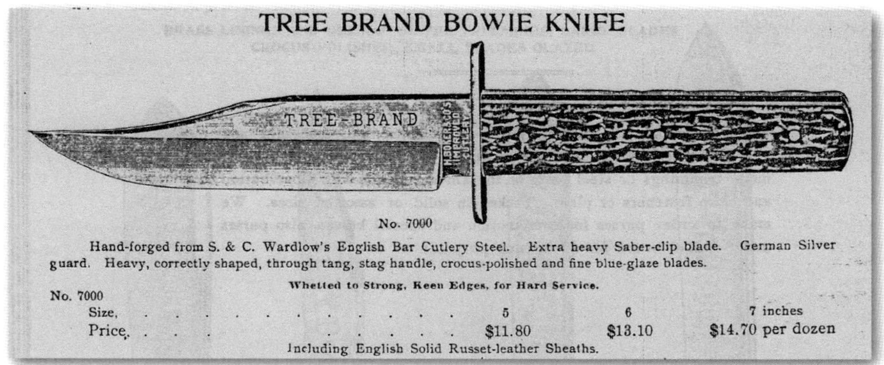

TREE BRAND BOWIE KNIFE

No. 7000

Hand-forged from S. & C. Wardlow's English Bar Cutlery Steel. Extra heavy Saber-clip blade. German Silver guard. Heavy, correctly shaped, through tang, stag handle, crocus-polished and fine blue-glaze blades.

Whetted to Strong, Keen Edges, for Hard Service.

No. 7000			
Size,	5	6	7 inches
Price	$11.80	$13.10	$14.70 per dozen

Including English Solid Russet-leather Sheaths.

Links: Ein „Tree Brand"-Bowie in einem Katalogausschnitt aus den 1930er Jahren.

Linke Seite oben: „H. Boker & Co. Solingen Arbolito", hergestellt für den südamerikanischen Markt um 1900. Palisandergriff mit Handschutz, Knauf und Schild aus Neusilber. Die Klinge aus Carbonstahl ist 18,4 cm lang.

Linke Seite unten: „Heinr. Böker & Co. Solingen Alemania Arbolito", ebenfalls produziert für Südamerika. Ein typisches Gaucho-Messer mit Silbergriff, in den 1930er Jahren gefertigt mit einer 12,7 cm langen Carbonstahl-Klinge. Es besitzt eine Scheide aus Silber mit einer 10-Cent-Silbermünze aus Argentinien von 1883, die in die Scheide eingearbeitet ist.

Manhattan-Kennzeichnung höchstwahrscheinlich auf die 1880er Jahre zurückdatiert werden.

Im Jahr 1906, wie in einem Böker-Werkskatalog dargestellt, begann Böker mit der Produktion seiner eigenen Bowie-Hunter-Messer in Deutschland. Diese Bowies wurden mit Knochen-Griffschalen, Neusilber-Handschutz und Klingen mit den Längen 12,7 cm, 15,2 cm und 17,8 cm angeboten. Diese Messer trugen die Aufschrift „H. Boker & Co. Cutlery Germany" auf der Klinge und dazu das „Tree Brand"-Logo. Auf der Rückseite der Klinge befand sich das berühmte „Baum"-Logo. Zur gleichen Zeit, in der Böker das Bowie-Hunter produzierte, bot das Unternehmen auch das Modell einer anderen Firma an, das von John Newton in Sheffield, England, hergestellt wurde. Diese Exemplare sahen den Böker-Messern sehr ähnlich und waren in sechs Größen, mit Klingenlängen von 12,7 bis 22,9 Zentimetern, erhältlich. Die „The Manhattan Cutlery"-Modelle wurden im Katalog von 1906 nicht abgebildet, und es ist anzunehmen, dass sie durch die Böker- und Newton-Modelle ersetzt worden sind.

Nordamerika war nicht die einzige Region, die Bowie-Messer favorisierte, auch in Lateinamerika war man von ihnen begeistert. Von Mexiko bis nach Südamerika waren harte Männer und harte Zeiten genauso verbreitet wie in den USA im 19. Jahrhundert. Hermann Bökers Neffe Robert hatte 1865 in Mexiko-Stadt das Eisenwaren- und Schneidwarengeschäft „Casa Boker" gegründet. Der Verkauf beschränkte sich nicht nur auf Me-

Rechte Seite oben: Abbildung aus einem Böker-Fabrikkatalog um 1930.

Rechte Seite unten: Auch dieses Messer mit der Kennzeichnung „H. Boker & Co. Solingen Arbolito" wurde um 1930 für den südamerikanischen Markt hergestellt. Es handelt sich um ein sehr großes Bowie-Messer mit einer 26 cm langen Klinge aus Kohlenstoffstahl. Es besitzt Hirschhorn-Griffschalen, der Handschutz und das Schild bestehen aus Neusilber. Die ausgefallene Lederscheide hat eine Neusilberspitze und Schnallen.

xiko, sondern man öffnete die Tore auch gen Süden. Mehrere Länder Südamerikas galten im 19. und frühen 20. Jahrhundert als wohlhabend, darunter Argentinien, Uruguay, Bolivien, Peru und Brasilien. Dort wollte auch der Kunde aus der Mittelschicht ein gutes Messer besitzen. Die früheren spanischen Kolonisten hatten einen großen Einfluss auf den Stil der sowohl mexikanischen als auch südamerikanischen Schneidwaren. Hersteller wie Böker freuten sich über die Produktion solcher Ausführungen.

Während sich das Bowie-Messer in den USA im späten 19. Jahrhundert zu einem ziemlich einheitlichen Stil entwickelt hatte, neigten Bowies aus Lateinamerika zu einer vielfältigen Gestaltung. Einige ähnelten ihren Gegenstücken aus dem Norden durch die Knochen- oder Hirschhorn-Griffschalen und Clip-Point-Klingen. Die meisten hatten jedoch ein individuelleres Aussehen und waren oft mit flach geschliffenen Spearpoint-Klingen zu sehen. Einige wurden noch aufwändiger gefertigt und mit zusätzlichen Metallverzierungen, wie Kugeln an den Enden der Parierstange oder Knäufe aus Neusilber.

Ein besonderes klassisches Modell aus Südamerika ist das sogenannte „Punel"- oder „Gaucho"- (Cowboy) Messer. Diese Messer waren eine Art Kreuzung zwischen einem Bowie und einem Jagdmesser und hatten normalerweise Spearpoint-Klingen, die von zwölf bis über 30 Zentimeter lang waren. Optisch waren sie recht aufwändig gestaltet und erschienen meist mit gravierten Griffschalen und Scheiden aus Feinsilber.

Alle bekannten Bowie-Jagdmodelle, die für den lateinamerikanischen Markt bestimmt waren, trugen eine „Boker Solingen"-Prägung sowie den Stempel „Arbolito", das spanische Wort für „kleiner Baum". Generell waren Bowie-Hunter-Messer aus deutscher Produktion, die für Lateinamerika entworfen wurden, mit ihren flachen Klingenformen praktischer als die im Säbel-Clip-Point-Stil gehaltenen Bowies, die in den Vereinigten Staaten um die Jahrhundertwende beliebt waren.

2089-6"
H BOKER & CO.
SOLINGEN
H.BOKER&CO SOLINGEN
ARBOLITO

Hirschfänger

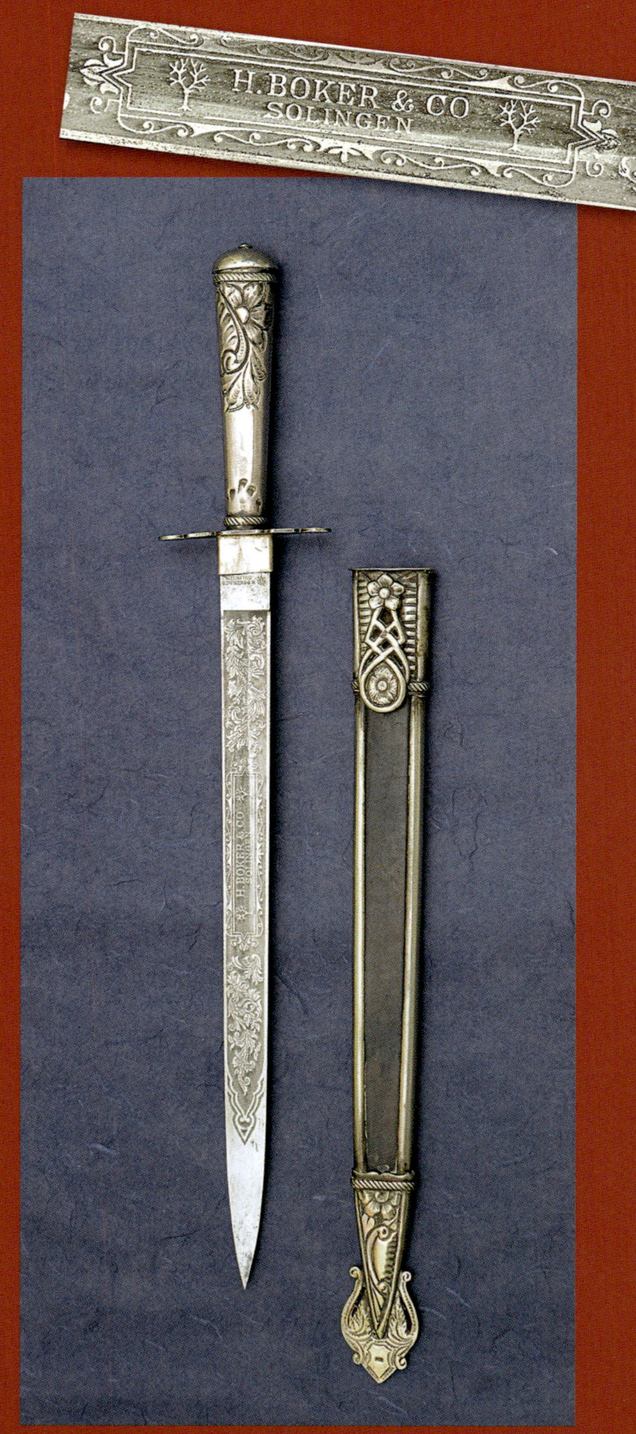

Europäische Jagdschwerter reichen Jahrhunderte zurück. Die deutschen Varianten werden „Hirschfänger" genannt. Jagdschwerter fallen in der Regel in eine Kategorie zwischen langen Dolchen und Standardschwertern, mit Klingenlängen von durchschnittlich 30 bis 50 cm. Sie werden in einer Scheide getragen, die am Gürtel des Mannes hängt. Auch wenn man diese Schwerter zum persönlichen Schutz verwenden könnte, besteht ihr Hauptzweck doch darin, ein Tier abzufangen, das von einer anderen Waffe wie einem Gewehr oder einem Bogen niedergestreckt wurde.

Deutsche Jagdschwerter waren im 19. Jahrhundert bis Mitte des 20. Jahrhunderts sehr beliebt. Die meisten besaßen Griffe aus echtem Hirschhorn. Hier ist ein sehr schönes Modell von Böker zu sehen, das einen Griff und eine Scheide aus Sterlingsilber besitzt und auch so gekennzeichnet ist. Die fast 36 cm lange Klinge ist aus Kohlenstoffstahl gefertigt und trägt auf beiden Seiten schöne Blumenätzungen. „H. Boker & Co. Solingen" wurde auf die Mitte der Klinge geätzt und auch auf das Ricasso der Klinge geprägt. Der Mittelteil der Scheide ist mit Leder eingefasst, verziert mit Beschlägen aus Sterlingsilber. Dieser in Deutschland von Böker hergestellte Hirschfänger stammt aus den 1920er bis 1930er Jahren.

Werkzeugsets

Taschenmesser mit ausklappbaren Werkzeugen gibt es schon seit Jahrhunderten. Obwohl solche Multifunktionsmesser grundsätzlich von einem Paar bis zu einem Dutzend Werkzeuge enthalten können, werden viele Exemplare schnell unhandlich. Es gibt eine sinnvolle Grenze für die Zahl der Werkzeuge, die in einem einzigen Griff untergebracht werden können. Multitools erfreuen sich seit dem letzten Jahrhundert großer Beliebtheit, darunter die bekannten Leatherman-Modelle. Aber auch diese modernen Varianten haben ihre Grenzen.

Oft ist es praxistauglicher – wenn auch nicht so kompakt wie ein All-in-one-Werkzeugmesser – separate Klingen und Werkzeuge zu haben, die alle an denselben Griff passen. Diese Idee wurde schon ab dem frühen 19. Jahrhundert in Form von entsprechenden Sets auf dem Markt angeboten. Im 20. Jahrhundert produzierten viele englische, deutsche und amerikanische Hersteller solche Sets in verschiedenen Größen und Konfigurationen.

Böker bot mindestens schon 1914 ein Werkzeugset an und verkaufte bis zum Zweiten Weltkrieg verschiedene Sets. Diese in Deutschland hergestellten Werkzeugsets waren für „Sportler, Camper, Pfadfinder, Autofahrer und Landwirte" gedacht.

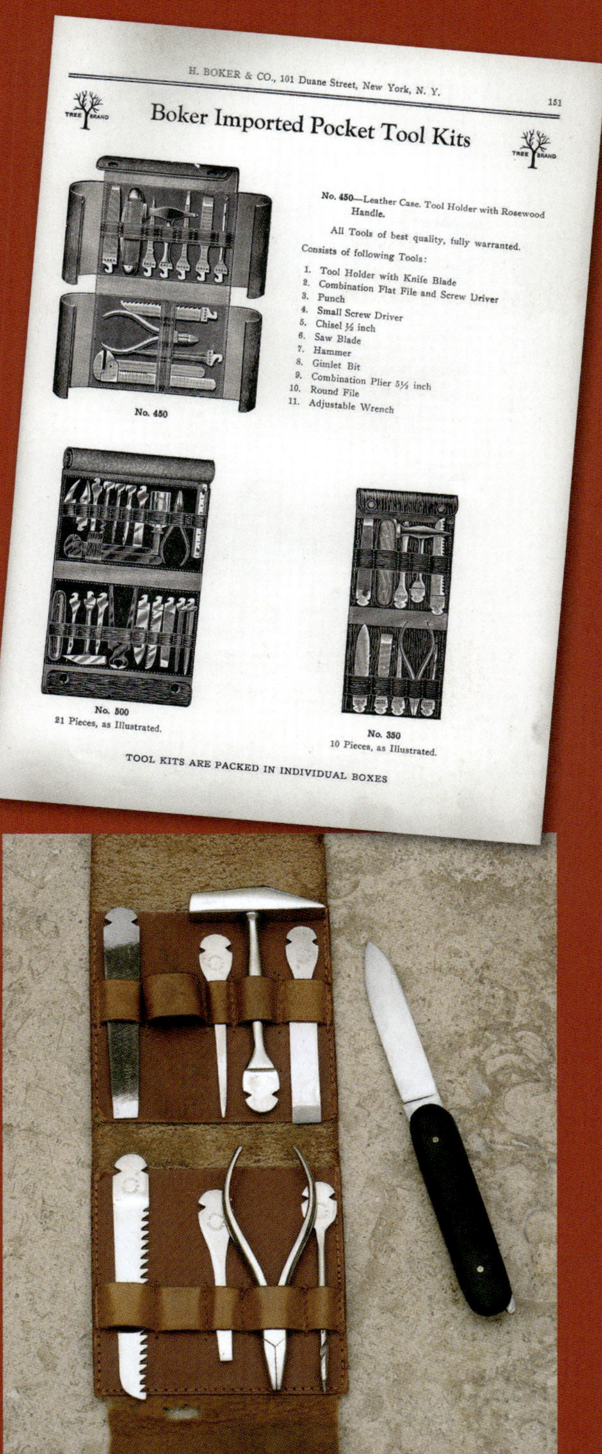

H. BOKER & CO., 101 Duane Street, New York, N. Y. 151

TREE BRAND

Boker Imported Pocket Tool Kits

TREE BRAND

No. 450—Leather Case. Tool Holder with Rosewood Handle.

All Tools of best quality, fully warranted.

Consists of following Tools:

1. Tool Holder with Knife Blade
2. Combination Flat File and Screw Driver
3. Punch
4. Small Screw Driver
5. Chisel ½ inch
6. Saw Blade
7. Hammer
8. Gimlet Bit
9. Combination Plier 5½ inch
10. Round File
11. Adjustable Wrench

No. 450

No. 500
21 Pieces, as Illustrated.

No. 350
10 Pieces, as Illustrated.

TOOL KITS ARE PACKED IN INDIVIDUAL BOXES

Zeitleiste

1756-1763 | Gottfried Böker (ein Autodidakt) stellt während des Siebenjährigen Krieges Klingen und Scheiden her.

Ca. 1795 | Johann Gottlieb Böker (Gottfrieds zweitältester Sohn) gründet die Partnerschaft *Boker & Hilger*. Ihre Produktion von Säbeln und Klingen ist sehr erfolgreich, bis sie sich 1832 trennen, um für ihre zahlreichen Söhne Firmen zu gründen.

1829 | Die Brüder Hermann und Robert Böker (Söhne von Johann Gottlieb Böker) gründen die Schneidwarenfirma *H. & R. Böker* in Remscheid.

1837 | Hermann Böker reist in die Vereinigten Staaten und gründet ein Unternehmen in New York. Es wird *Hermann Boker Company* genannt und befindet sich in der John Street, später in der 50 Cliff Street.

Ca. 1843 | Die Brüder Heinrich und Robert Böker übernehmen das Geschäft ihres Vaters (Johann Gottlieb Böker), der 1843 verstirbt.

1851 | Hermann Funke (Hermann Bökers Neffe) und H. A. Schleicher werden am 1. Januar 1851 Partner von Hermann Böker. Der Name *Hermann Boker Company* wird in *Hermann Boker & Company* (in der Praxis oft abgekürzt als *H. Boker & Co.*) geändert.

1854 | Heinrich und Robert Böker errichten eine dampfbetriebene Schleiferei nördlich von Remscheid.

Ca. 1857 | Die Schleiferei von Heinrich und Robert erweist sich als erfolglos und wird in ein Walzwerk mit einer kleinen Messerfabrik umgewandelt.

1860 | Die Brüder Hermann und Robert Böker (H. & R. Böker) gehen getrennte Wege und lösen das Unternehmen auf. Robert „Roberto" Böker (Heinrichs Sohn) tritt für einige Jahre als Lehrling in das Unternehmen seines Vaters ein.

1863 | H. A. Schleicher verlässt *H. Boker & Company* in New York, und Hermann Funke wird Seniorpartner.

1863 | Robert „Roberto" Böker (Heinrichs Sohn) reist in die Vereinigten Staaten und erhält 1864 die Staatsbürgerschaft. Dann reist er weiter nach Kanada und Mexiko.

1865 | Robert „Roberto" Böker (Heinrichs Sohn) und ein Mann namens Holder werden Partner und gründen eine Firma namens *Holder, Boker & Cia.* in Mexiko-Stadt. Holder verlässt das Unternehmen kurz darauf, und Robert benennt die Firma 1870 in *Casa Boker* um.

1867 | Ferdinand A. Böker (Hermanns Sohn) wird Partner. Er war seit Anfang der 1860er Jahre in der Firma seines Vaters beschäftigt.

1869 | Heinrich Böker und Hermann Heuser gründen die *Heinr. Böker & Co.* in Solingen, und das „Baum"-Logo wird zum offiziellen Markenzeichen.

1872 | Hermann Böker baut ein Gebäude an der 101 & 103 Duane Street, New York, das sich bis zur 10 & 12 Thomas Street erstreckt.

1891 | Carl F. Böker (Hermann Bökers Sohn) und Albert H. Funke (Hermann Funkes Sohn) treten als Partner bei *Hermann Boker & Company* ein.

1892 | Der Schneidwarenhersteller *Valley Forge* wird in Newark, New Jersey, vom deutschen Einwanderer Edward Grafmueller gegründet.

1899 | *H. Boker & Co.* übernimmt das Unternehmen *Valley Forge* mit Carl F. Böker als Präsident und Hans Robert John Böker (Hermanns Enkel) sowie Edward Grafmueller als Geschäftsführer.

1902 | Franz Böker (Sohn von Robert „Roberto" Böker) wird Partner von *Casa Boker* in Mexiko-Stadt.

1914 | *H. Boker & Co.* meldet einen vorläufigen Konkurs an, der dem Unternehmen Zeit zur Umstrukturierung gibt.

Ca. 1915 | *H. Boker & Co.* stellt Carl W. Tillman als Messerschmied ein. Später, 1919, wechselt dieser zusammen mit einigen anderen Schmieden von Boker zur Firma Remington.

1916 | Carl F. Böker tritt als Präsident von *H. Boker & Co.* zurück, um die *Cyclops Steel Company* in Titusville zu leiten. Hans Robert John Böker (Sohn von Robert „Roberto" Böker) wird der neue Präsident.

1921 | Die *H. Boker & Co.* kündigt die Einweihung eines neuen, dreistöckigen Gebäudes mit einer Fläche von 60.000 Quadratmetern in Maplewood, New Jersey, an. Die *Boker Cutlery & Hardware Inc.* und die *H. Boker & Co.* werden unter dem alten Namen *Hermann Boker Company* zu einem Unternehmen zusammengefasst. Hans Robert John Böker und Edward Grafmueller leiten das Unternehmen weiterhin.

1925 | Der berühmte Kastanienbaum in Remscheid, der das Symbol für Bökers Logo lieferte, wird vom Blitz getroffen und zerstört.

1944 | Das Böker-Werk in Solingen wird während des Zweiten Weltkriegs von den Alliierten bombardiert und vollständig zerstört.

1946 | John R. Boker (Hans R. Bökers Sohn) tritt nach seiner Tätigkeit beim US-Militär in die *H. Boker Company* ein.

1947 | John R. Boker holt das Böker-Baumzeichen zur *H. Boker Company* zurück.

1956 | Die *H. Boker Company* übernimmt die *George Schrade Knife Company* in Bridgeport, Connecticut.

1958 | Die *H. Boker Company* schließt die *George Schrade Knife Company* aufgrund des Bundesgesetzes gegen Springmesser.

1965 | Die *New Britain Machine Company* kauft die *H. Boker Company* und seine Beteiligungen.

1968 | Die *New Britain Corporation* wird zusammen mit der *H. Boker Company* in *Litton Industries* integriert.

1970 | Die *H. Boker Company* wird von *Litton Industries* an *J. Wiss & Sons* abgegeben.

1976 | *J. Wiss & Sons* wird von *Cooper Industries* übernommen.

1983 | *Boker Arbolito S. A.* wird in Argentinien gegründet.

1983 | *Cooper Industries* stellt die Messerproduktion in den Vereinigten Staaten ein.

1984 | *United Boker* wird als Vertretung in den USA für die Firma *Heinr. Böker & Co.*, Solingen, gegründet und etwa 1994 aufgelöst.

1986 | *Boker USA* in Colorado wird gegründet, als Hauptimporteur für Böker-Messer aus Solingen.

1994 | *Heinr. Böker & Co.* feiert das 125-jährige Bestehen seines Werks in Solingen.

2000 | Der Eigentümer und Geschäftsführer von Böker in Solingen, Ernst Felix-Dalichow, baut in Solingen ein neues, hochmodernes Fertigungsgebäude.

2019 | Böker feiert das 150-jährige Jubiläum von *Heinr. Böker & Co.* und die offizielle Verwendung des berühmten Baum-Logos.

Die Datierung eines Böker-Messers

Die Datierung vieler Böker-Messer stellt eine große Herausforderung dar. Wie andere Hersteller produzierte Böker oft jahrzehntelang die gleichen Modelle mit subtilen Änderungen, die leicht unbemerkt bleiben können. Abgesehen von einem großen Ordner mit Werkskatalogen und Printwerbung ist der nächstbeste Weg zur Datierung eines Böker-Messers, jedes Detail des Messers zu berücksichtigen, um einen ungefähren Zeitrahmen bestimmen zu können. Die folgenden Seiten bestehen aus Übersichten, die bei der Bestimmung des korrekten Alters helfen sollen.

Die Übersicht der Gangzeichen (Stempel auf Ricasso) ist ein guter Ausgangspunkt dafür. Alle Böker-Messer tragen mindestens auf der Hauptklinge einen Stempel, der in der Tabelle aufgeführt sein sollte. Die Zusammenstellung der Klingenätzungen zeigt eine Vielzahl von Motiven, die Böker im Laufe der Zeit verwendet hat. Viele Ätzungen sind durch die Verwendung oder das Schärfen eines Messers leider beschädigt worden oder ganz verloren gegangen.

Die Tabelle mit den Modellnummern ist kein vollständiges Werk, sondern beschreibt einen Großteil der Modelle, die Böker ab Ende des 19. Jahrhunderts bis heute produziert hat. Die Modellnummern sind auf der Rückseite der Hauptklinge eingeprägt.

Die Kapitel dieses Buches bieten ebenfalls gute Informationen über verschiedene Griffmaterialien und Backenstile und hilft bei der Datierung eines Böker-Messers.

Gangzeichen (Stempel auf Ricasso)

Allgemeine Hinweise:

- G = Solinger Stempel, US = Amerikanische Stempel, R =Messer, die für eine weitere Firma Böker in Remscheid gefertigt wurden
- Alle Messer tragen das Baumsymbol auf der Rückseite des Ricassos, soweit nicht anders vermerkt.
- Die Prägung „Germany" irgendwo auf dem Messer bedeutet, dass es nach 1891 gefertigt wurde. Die Abwesenheit dieses Stempels bedeutet im Umkehrschluss aber nicht, dass das Messer vor 1891 hergestellt ist.
- Ist der Herstellername Böker mit Ö statt O geschrieben, wurde das Messer 1932 oder später gefertigt.
- In Solingen gefertigte Böker-Messer mit einem großen, runden Baum-Schild ohne den Zusatz „Solingen" wurden vor dem Zweiten Weltkrieg produziert, solche mit einem runden „Solingen"-Baumschild nach dem Zweiten Weltkrieg.

H&R BOKER REMSCHEID CAST STEEL (Hermann & Robert) ca. 1829-1860 (G) Kein Baum auf Rückseite Sehr selten	R&H BOKER S IMPROVED CUTLERY (Robert & Heinrich) ca. 1843-1869 Kein Baum auf Rückseite Sehr selten	H B (Heinrich Böker) ca. 1869-1880er (G) Auch mit „BB" Nur bei kleinen Messern	HENRY BOKER'S IMPROVED CUTLERY (Heinrich Böker) ca. 1869-1880er (G) Kein „Co."	H. BOKER'S IMPROVED CUTLERY (Heinrich Böker) ca. 1869-1880er (G) Kein „Co."
H. BOKER & CO'S IMPROVED CUTLERY (Hermann Boker) ca. 1851-1951 (G) 4-zeilig „Improved" Vgl. US & G unten Nur bei kleinen Messern	HENRY BOKER & CO SOLINGEN (Heinrich Böker) ca. 1869-1944 (G) Nur bei kleinen Messern	HENRY BOKER & CO (Heinrich Böker) ca. 1869-1944 (G) Nur bei kleinen Messern	H.BOKER & CO SOLINGEN (Heinrich Böker) ca. 1869-1944 (G) Bei Taschenmessern und feststehenden Messern	H. BOKER & CO SOLINGEN GERMANY
H. BOKER & CO'S CUTLERY GERMANY (Hermann Boker) ca. 1891-1944 (G)	BOKER'S CUTLERY GERMANY ca. 1891-1944 (G)	HEINR.BÖKER & CO SOLINGEN-ALEMANIA MADE IN GERMANY ca. 1832-1944 (G) Schrift tiefgeätzt, nicht gestempelt	HEINR.BÖKER & CO BAUMWERK-SOLINGEN GERMANY-ALEMANIA ca. 1932-heute (G) Vor allem bis 1950 verwendet, aber auch bei Reproduktionen	HEINR.BÖKER & CO SOLINGEN GERMANY ca. 1947-1950er (G) Evtl. später bei Zusatzklingen verwendet
H. BOKER & CO'S IMPROVED CUTLERY (Hermann Boker) ca. 1880 - späte 1930er (G) Letzter „Improved"-Stempel	H. BOKER & CO'S SOLINGEN (Hermann Boker) ca. 1920er-1930er (G)	BÖKER SOLINGEN GERMANY-ALEMANIA ca. 1950er-heute (G) Vor allem bis 1960 verwendet, aber auch bei Reproduktionen	BOKER SOLINGEN GERMANY INOX ca. 1960er (G) Boker ohne Pünktchen auf dem O geschrieben	BÖKER SOLINGEN GERMANY ca. 1960er-heute (G) Auch mit „STAINLESS"
H. BOKER & CO'S IMPROVED CUTLERY (Hermann Boker) c. 1869-1930er in Solingen c. 1851-späte 1930er in USA Der einzige Stempel, der in Deutschland und USA verwendet wurde		HENRY BOKER HB GERMANY ca. 1960er-1970er (R) Messer für Remscheid Böker-Messer für Australien und Afrika		M. R BOKER ca. 1960er-1970er (R) Gefertigt für Böker in Remscheid, „SOLINGEN" auf Rückseite Handelsmarke von 1895 Seltener Stempel, erstmals im späten 19. Jahrhundert verwendet
BOKER'S IMPROVED CUTLERY ca. 1899-1920er (US) Meist auf Zusatzklingen, teilweise ohne Baum	Boker ca. 1928-1930er (US) Schreibschrift, teilweise mit „STAINLESS" Kein Baum	BOKER USA ca. 1930er-1950er (US) Meist auf Jagd-Klapp-messern Kein Baum	BOKER ca. 1935-1942 (US) Blockschrift-Stempel	BOKER U.S.A. ca. 1941-1983 (US) Letzter und häufigster US-Böker-Stempel, teilweise ohne Baum

Diese Übersicht wurde ursprünglich von Mark Zalesky von der Zeitschrift „Knife World" zusammengestellt und von Neal Punchard und Ricky Ray überarbeitet.

Das Schild im Griff

Im Allgemeinen stammt ein einfaches eingelegtes Schild ohne Firmenlogo oder Namen aus der Zeit vor 1955. Schilder an älteren Messern dienten in erster Linie als geeigneter Ort für die Gravur von Initialen. Erst in den 1950er und 1960er Jahren änderte sich das und Baum-Logos hielten hier Einzug. Eine Ausnahme bilden die in Solingen hergestellten Böker-Messer: Solinger Böker-Messer verwendeten das runde Baumschild bereits zu Beginn des 20. Jahrhunderts.

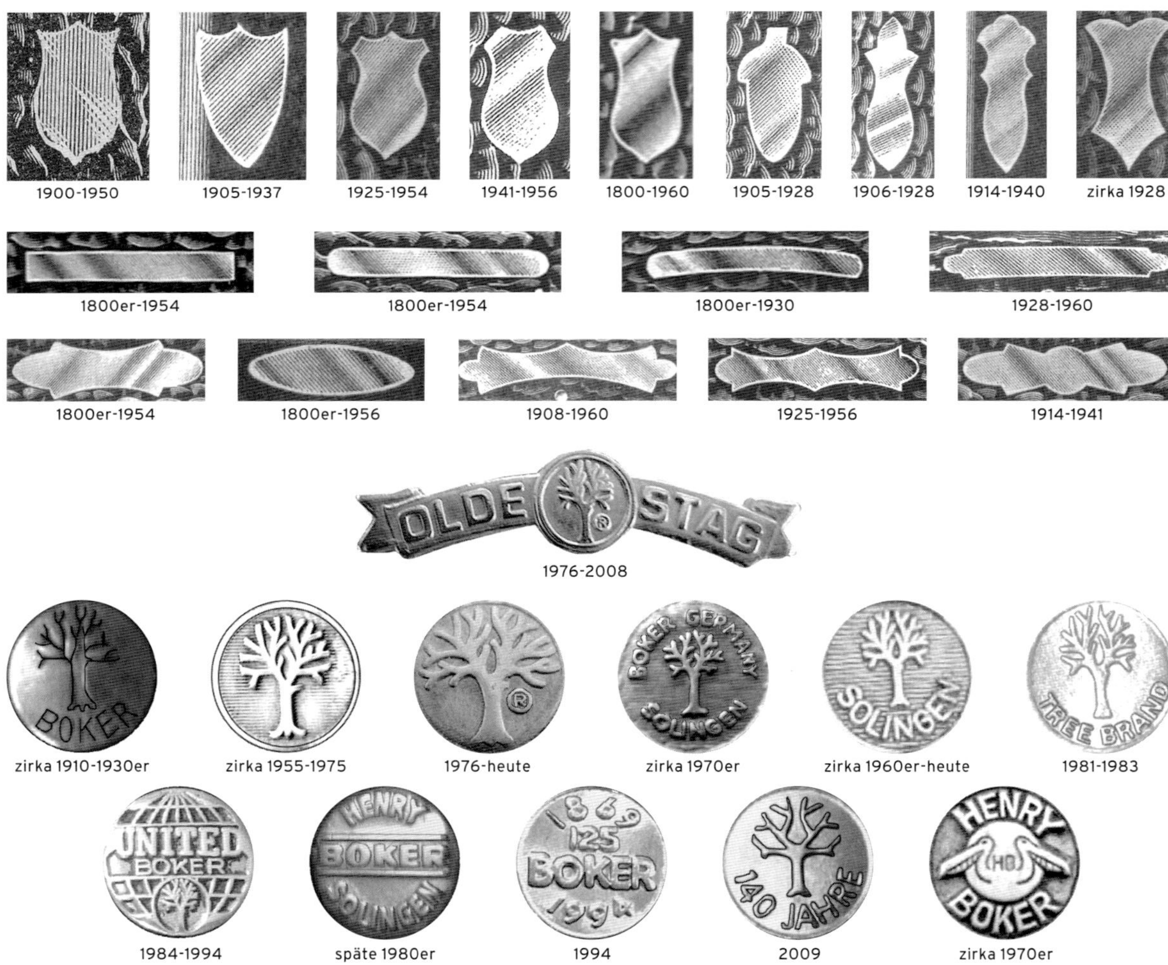

1900-1950 | 1905-1937 | 1925-1954 | 1941-1956 | 1800-1960 | 1905-1928 | 1906-1928 | 1914-1940 | zirka 1928

1800er-1954 | 1800er-1954 | 1800er-1930 | 1928-1960

1800er-1954 | 1800er-1956 | 1908-1960 | 1925-1956 | 1914-1941

1976-2008

zirka 1910-1930er | zirka 1955-1975 | 1976-heute | zirka 1970er | zirka 1960er-heute | 1981-1983

1984-1994 | späte 1980er | 1994 | 2009 | zirka 1970er

Böker-Stempel und Ätzungen

Ein Stempel wird mechanisch ins Metall gedrückt, während eine Ätzung chemisch aufgebracht wird. Stempelungen sind in der Regel tief und dauerhaft, während die oberflächlichen Ätzungen sich im Gebrauch mit der Zeit abreiben können. Klingenstempel auf Böker-Messern hab es schon in der Mitte des 19. Jahrhunderts. Die Klingenätzungen tauchten erst um die Wende zum 20. Jahrhundert auf.

Zu den ersten Klingenstempeln, die im 19. Jahrhundert verwendet wurden, gehörten „Senators Knife“ und „Cattle Knife“, die beide in Längsrichtung auf die Hauptklinge geprägt wurden. Der erste Böker-Katalogverweis auf Klingenätzungen stammt aus dem Jahr 1905. Zwei dieser Ätzungen waren „Tree Brand“ und „Celebrated Knife“. Auf beiden war zwischen den Wörtern das Baumsymbol zu sehen. Eine dritte frühe Ätzung mit der Bezeichnung „Premium Stock Knife“ wurde ebenfalls auf einer Abbildung von 1905 gezeigt. Sowohl Klingenstempel als auch Ätzungen sind normalerweise nur bei Bökers Premium-Modellen zu finden.

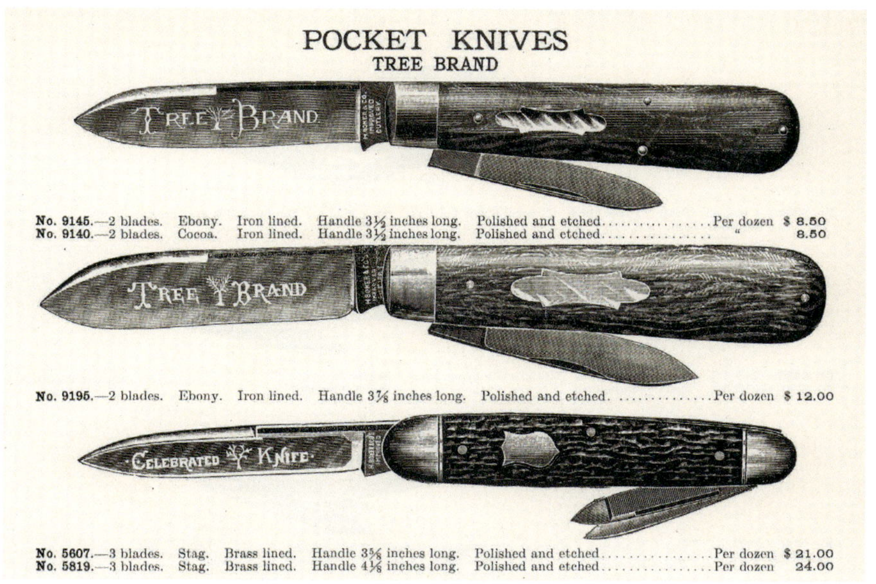

Etch Photo	Catalog Dates	Description
	Circa 1869 - 1944	The Fisherman's Knife
	Circa 1869 - 1944	Boker's Special Stock Knife
	1891 - 1949	D.R.G.M. Deutsches Reichsgebrauchsmuster
	Late 1800s (estimate)	Cracker Jack
	1895	German Remscheid Patent
	1896	H&B
	1898, 1905, 1908, 1910, 1913, 1914, 1918, 1925, 1928	Celebrated Knife
	1898	Trademark 1
	1898, 1905, 1906, 1910, 1913, 1914, 1915, 1918, 1925, 1928	Tree (Tree) Brand
	1905, 1909, 1914	Cattle Knife
	1905, 1925, 1928, 1955, 1961, 1967	Great Western

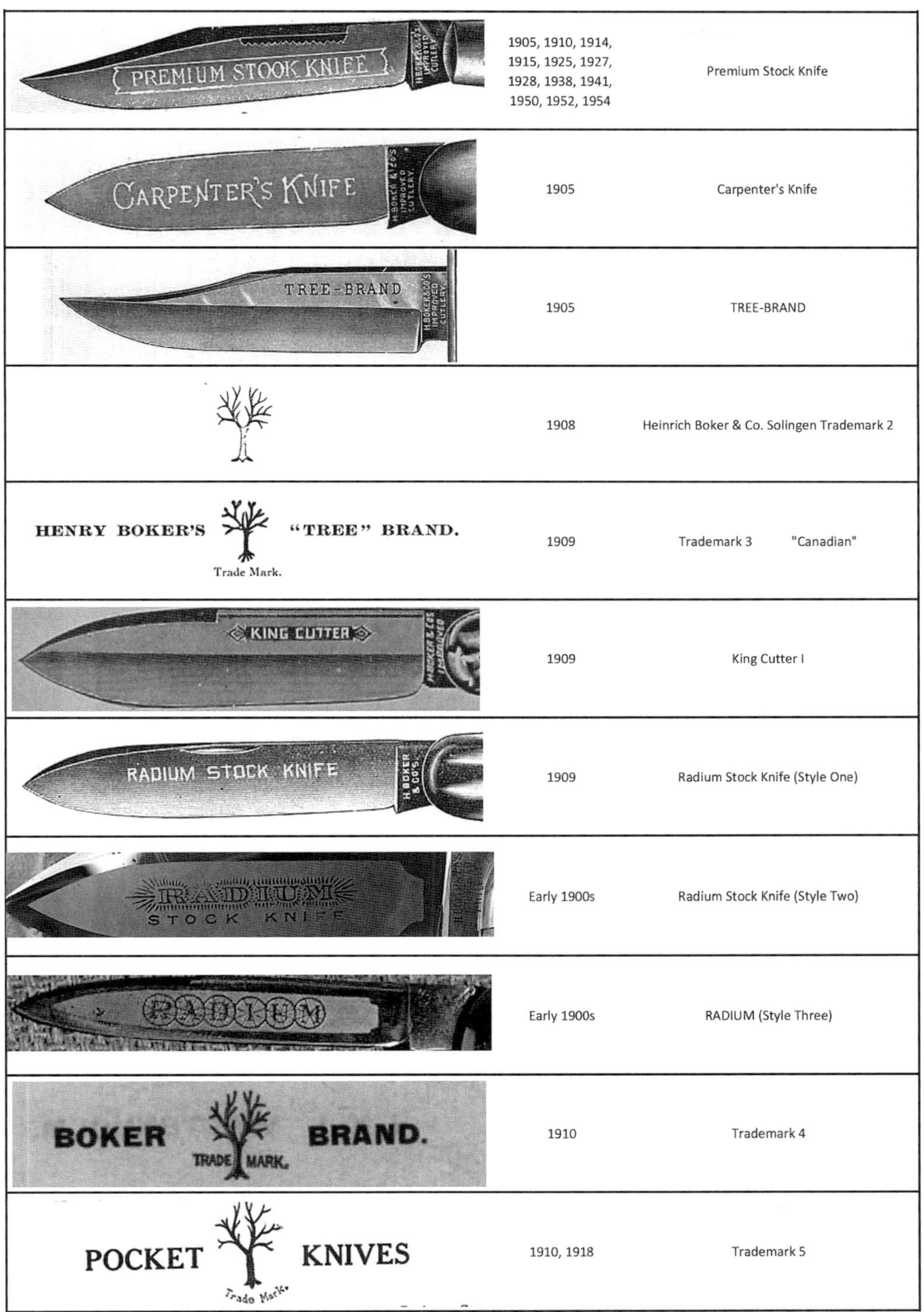

Marking	Year(s)	Name
PREMIUM STOOK KNIFE / H. BOKER & CO'S IMPROVED CUTLERY	1905, 1910, 1914, 1915, 1925, 1927, 1928, 1938, 1941, 1950, 1952, 1954	Premium Stock Knife
CARPENTER'S KNIFE / H. BOKER & CO'S IMPROVED CUTLERY	1905	Carpenter's Knife
TREE-BRAND / H. BOKER & CO'S IMPROVED CUTLERY	1905	TREE-BRAND
	1908	Heinrich Boker & Co. Solingen Trademark 2
HENRY BOKER'S "TREE" BRAND. Trade Mark.	1909	Trademark 3 "Canadian"
KING CUTTER / H. BOKER & CO'S IMPROVED	1909	King Cutter I
RADIUM STOCK KNIFE / H. BOKER & CO'S.	1909	Radium Stock Knife (Style One)
RADIUM STOCK KNIFE	Early 1900s	Radium Stock Knife (Style Two)
RADIUM	Early 1900s	RADIUM (Style Three)
BOKER TRADE MARK. BRAND.	1910	Trademark 4
POCKET Trade Mark. KNIVES	1910, 1918	Trademark 5

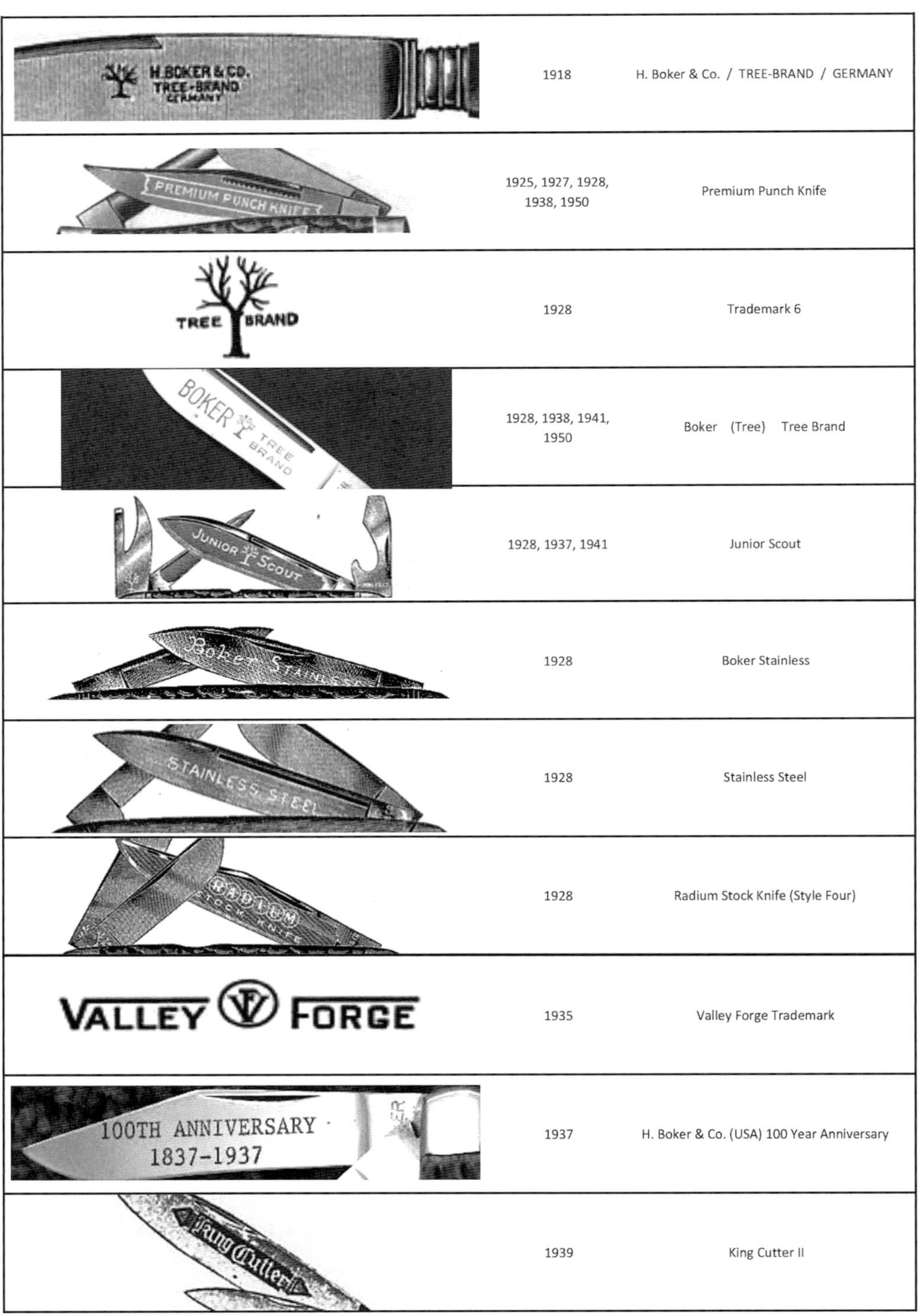

1918	H. Boker & Co. / TREE-BRAND / GERMANY
1925, 1927, 1928, 1938, 1950	Premium Punch Knife
1928	Trademark 6
1928, 1938, 1941, 1950	Boker (Tree) Tree Brand
1928, 1937, 1941	Junior Scout
1928	Boker Stainless
1928	Stainless Steel
1928	Radium Stock Knife (Style Four)
1935	Valley Forge Trademark
1937	H. Boker & Co. (USA) 100 Year Anniversary
1939	King Cutter II

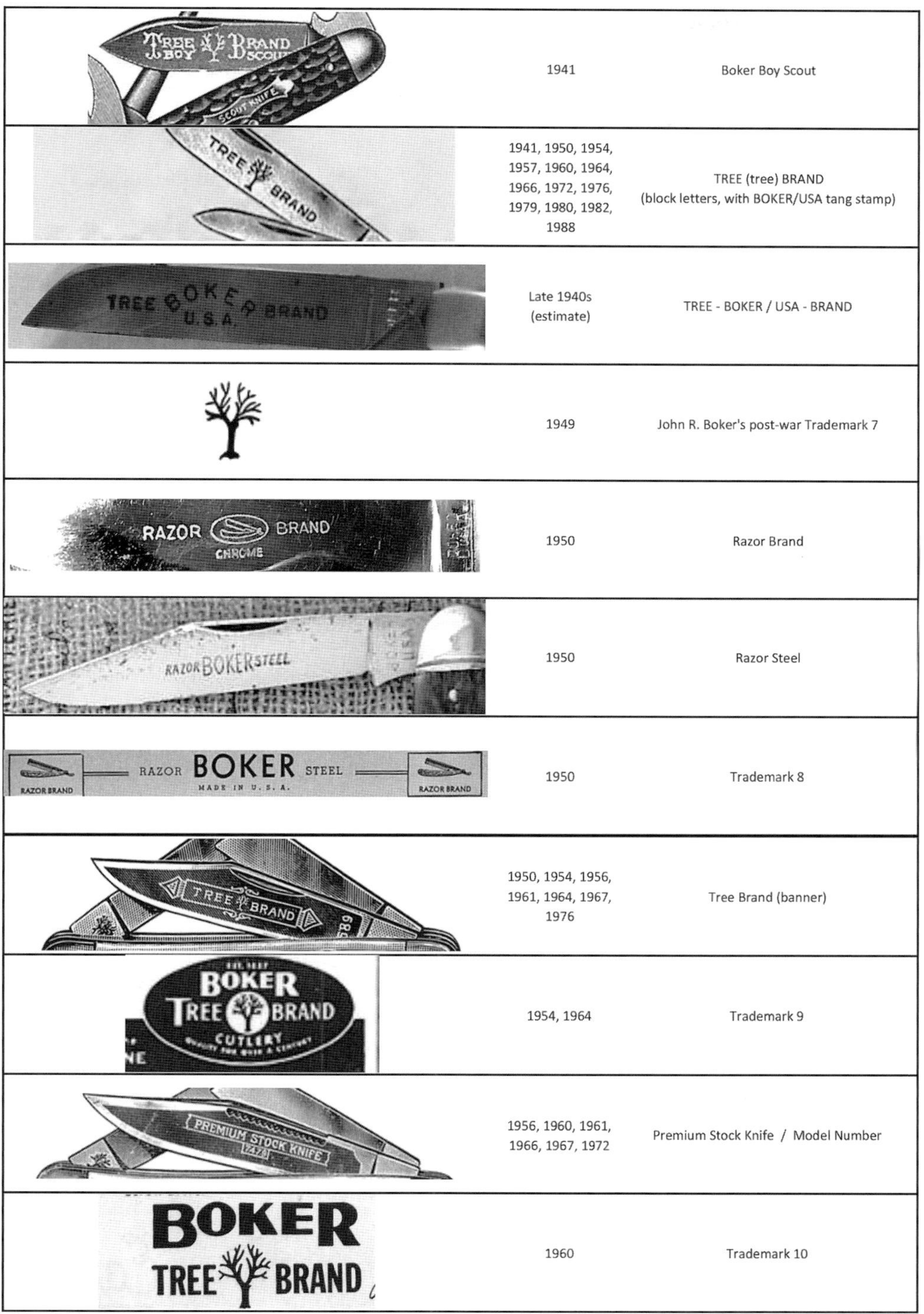

1941	Boker Boy Scout
1941, 1950, 1954, 1957, 1960, 1964, 1966, 1972, 1976, 1979, 1980, 1982, 1988	TREE (tree) BRAND (block letters, with BOKER/USA tang stamp)
Late 1940s (estimate)	TREE - BOKER / USA - BRAND
1949	John R. Boker's post-war Trademark 7
1950	Razor Brand
1950	Razor Steel
1950	Trademark 8
1950, 1954, 1956, 1961, 1964, 1967, 1976	Tree Brand (banner)
1954, 1964	Trademark 9
1956, 1960, 1961, 1966, 1967, 1972	Premium Stock Knife / Model Number
1960	Trademark 10

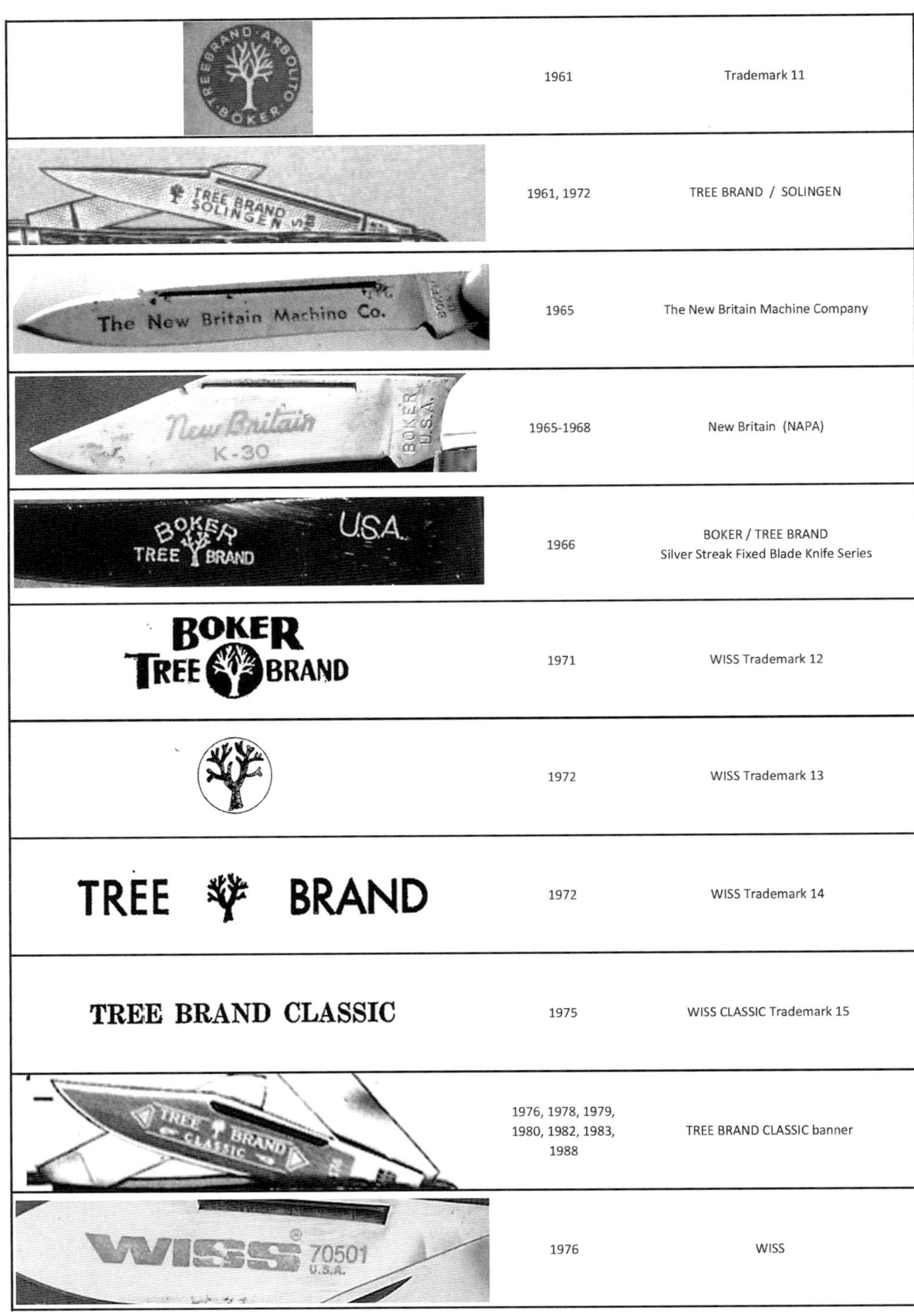

Marke	Jahr	Bezeichnung
TREEBRAND · ARBOLITO · BOKER	1961	Trademark 11
TREE BRAND SOLINGEN	1961, 1972	TREE BRAND / SOLINGEN
The New Britain Machine Co.	1965	The New Britain Machine Company
New Britain K-30 / BOKER U.S.A.	1965-1968	New Britain (NAPA)
BOKER TREE BRAND USA	1966	BOKER / TREE BRAND Silver Streak Fixed Blade Knife Series
BOKER TREE BRAND	1971	WISS Trademark 12
	1972	WISS Trademark 13
TREE BRAND	1972	WISS Trademark 14
TREE BRAND CLASSIC	1975	WISS CLASSIC Trademark 15
TREE BRAND CLASSIC	1976, 1978, 1979, 1980, 1982, 1983, 1988	TREE BRAND CLASSIC banner
WISS 70501 U.S.A.	1976	WISS

Boker Tree Brand	1976, 1980	Trademark 16
DEL-BONE	1976	DEL-BONE Trademark 17
OLDE STAG	1976	OLDE STAG Trademark 18
TREE BRAND CLASSIC 5464 BONE	1977, 1980, 1982	BONE Handle Limited Edition
440C	1982	440C Stainless Steel Trademark 19
1833	1983	Cooper Industries 1833-1983
TREE BRAND MADE IN GERMANY BOKER U.S.A.	1986	TREE BRAND / MADE in GERMANY / BOKER USA
TREE BRAND CLASSIC 1989 240SS	1988, 1989	TREE BRAND CLASSIC banner, with year
TREE BRAND STAINLESS 240 SS BONE	1990 - 2003	TREE BRAND STAINLESS banner, with smooth bone handles
BÖKER 135th ANNIVERSARY HEINR. BÖKER SOLINGEN ALEMANIA	2004	135th Anniversary

Muster	Von	Bis	Griff	Bemerkungen	Produktion	Zahl Klingen	Länge Zoll
TB 36	circa 1928		Ebenholz	"Tree Brand" Ätzung	USA	2	3.125"
38	circa 1941		Hirschhorn-Imitat	Spearpoint	USA	2	3.125"
TB 38	circa 1928		Jigged Bone	"Tree Brand" Ätzung, wie TB 36, aber mit Jigged Bone	USA	2	3.125"
40	1983	1988	Rostfreier Stahl	Dress Pen Knife	Solingen	2	3"
43	1983	1988	Rostfreier Stahl	Gentleman's Knife, mit Schere	Solingen	3	3.125"
48	circa 1941		Hirschhorn-Imitat	"Tree Brand" Ätzung	USA	2	3.25"
TB 48	circa 1928		Jigged Bone	"Tree Brand" Ätzung	USA	2	3.25"
TB 48 Punch	circa 1928		Jigged Bone	"Boker Tree Brand" Ätzung, zweite Klinge	USA	2	3.25"
82	circa 1966		Ebonit	Jack Knife, Spearpoint & Pen Klinge	USA	2	3"
83	1966	1981	Ebonit	Jack Knife, Clip & Pen Klinge	USA	2	3"
84	1975	1981	Ebonit	Utility Jack Knife, Sheepfoot & Pen	USA	2	3"
85	1972	1996	Ebonit	Utility Jack Knife, Razor & Pen	USA	2	3"
85 B	1990	1993	Knochen	Utility Jack Knife, Razor & Pen	Solingen	2	3"
85 Y	circa 1993		Delrin gelb	Utility Jack Knife, Razor & Pen	Solingen	2	3"
93	1960	1964	Jigged Bone	Jagdmesser	Solingen	1	4"
93	1965	1977	Delrin	Jagdmesser	Solingen	1	4"
93	1978	1987	Palisander	Jagdmesser	Solingen	1	4"
93	1988	1989	Glatter Knochen, braun	Jagdmesser	Solingen	1	4"
93	1990	1996	Jigged Brown Bone	Jagdmesser	Solingen	1	4"
93 H	1982	1988	Palisander	Jagdmesser, Bird Knife mit Guthook	Solingen	2	4"
903	1975	1978	Delrin	Anglermesser, rostfreier Stahl	Solingen	2	4"
903	1978	1988	Palisander	Anglermesser, rostfreier Stahl	Solingen	2	4"
4093	1983	1988	Echtes Hirschhorn	Jagdmesser	Solingen	1	4"
124	1897	1930	Echtes Hirschhorn	Sportsman's Knife mit Muschel-Klinge	Solingen	7	5.5"
151	circa 1954		Jigged Bone	Jagdmesser, "Razor Steel" Klinge	USA	1	5.5"
152	1939	1956	Jigged Bone	Jagdmesser, "Razor Steel" Klinge	USA	1	8.75"
153	1956	1966	Lederscheiben gestapelt	Jagdmesser, "Razor Steel" Klinge	USA	1	6.5"
154	1966	1972	Lederscheiben gestapelt	Jagdmesser	USA	1	7.5"
155	1956	1972	Lederscheiben gestapelt	Jagdmesser, "Razor Steel" Klinge	USA	1	8.25"
156	1966	1972	Lederscheiben gestapelt	Jagdmesser	USA	1	
157	circa 1956		Lederscheiben gestapelt	Jagdmesser, "Razor Steel" Klinge	USA	1	8.5"
162	1972		Lederscheiben gestapelt	Jagdmesser	USA	1	8"
190	1975	1980	Lederscheiben gestapelt	Jagdmesser, "Blutrille"	Solingen	1	8.5"
191	1975	1980	Lederscheiben gestapelt	Jagdmesser	Solingen	1	9"
192	1975	1980	Lederscheiben gestapelt	Jagdmesser	Solingen	1	9.5"
193	1975	1980	Lederscheiben gestapelt	Jagdmesser, Skinner	Solingen	1	9.25"
182	1930	1940	Jigged Bone	Camp Knife	Solingen	6	3.5"
182	1960	1975	Delrin	Camp Knife	Solingen	6	3.5"
182R-HH	1988	1996	Echtes Hirschhorn	Camp Knife, rostfreie Klinge	Solingen	6	3.5"
200	1978	1988	Palisander	Canoe-Typ	Solingen	2	3.562"
200	1988	1996	Knochen	Canoe-Typ	Solingen	2	3.562"
201	1906	1914	Hartgummi schwarz	Barlow, eine Klinge		1	3.5"
202	1906	1914	Hartgummi schwarz	Barlow, zwei Klingen		2	3.5"
204	1906	1914	Jigged Bone	Barlow, zwei Klingen		2	3.5"
204 C	1906	1914	Jigged Bone	Barlow, zwei Klingen Clip		2	3.5"
204 R	1906	1914	Jigged Bone	Barlow, zwei Klingen Razor		2	3.5"
204 S	1906	1914	Jigged Bone	Barlow, zwei Klingen Spearpoint		2	3.5"
204 SF	1906	1914	Jigged Bone	Barlow, zwei Klingen Sheepfoot		2	3.5"
204 Spey	1906	1914	Jigged Bone	Barlow, zwei Klingen Spey		2	3.5"
210	1955	1964	Jigged Bone	"Tree Brand" Ätzung	Solingen	2	3.25"
210	1972	1976	Delrin	Medium Pen Knife	Solingen	2	3.25"
215	circa 1960		Echtes Hirschhorn	"Tree Brand" Ätzung	Solingen	2	3.25"
220	1954	1964	Jigged Bone	"Tree Brand" Ätzung	Solingen	2	3"
220	1965	1976	Delrin	Senator Pen Knife	Solingen	2	3"
225	1955	1961	Echtes Hirschhorn	"Tree Brand" Ätzung	Solingen	2	3"
227	circa 1956		Perlmutt	"Tree Brand" Ätzung	Solingen	2	3"
229	circa 1961		Zelluloid-Perlmutt	"Tree Brand" Ätzung	Solingen	2	3"
230	1960	1964	Jigged Bone	"Tree Brand" Ätzung	Solingen	2	2.75"
230	1965	1976	Delrin	Senator Pen Knife	Solingen	2	2.75"
235	1955	1960	Echtes Hirschhorn	"Tree Brand" Ätzung	Solingen	2	2.75"
237	circa 1956		Perlmutt	"Tree Brand" Ätzung	Solingen	2	2.75"
240	1955	1964	Jigged Bone	"Tree Brand" Ätzung	Solingen	2	3.125"
240	1965	1978	Delrin	Medium Pen Knife	Solingen	2	3.125"
240	1978	1996	Palisander	Medium Pen Knife	Solingen	2	3.125"
240 B	1980	1981	Jigged Bone	Medium Pen Knife	Solingen	2	3.125"
260	1972	1978	Delrin	Pen Knife	Solingen	2	3.5"
260	1990	1996	Palisander	Pen Knife	Solingen	2	3.5"
280	1955	1964	Jigged Bone	Whittler, "Tree Brand" Ätzung	Solingen	3	3.5"
280	1965	1978	Delrin	Whittler	Solingen	3	3.5"
280	1978	1996	Palisander	Whittler	Solingen	3	3.5"
280 B	1980	1982	Jigged Bone	Whittler	Solingen	3	3.5"
285	circa 1960		Echtes Hirschhorn	"Tree Brand" Ätzung, Whittler	Solingen	3	3.5"
350	1988	1989	Metall	Gentleman's Knife, Jagdhund-Motiv	Solingen	2	3.375"
414	1990	1996	Metall	Verzierter Griff, Jagdszene	Solingen	2	3.375"
391	1941		Hirschhorn-Imitat	Barlow, 1 Klinge, Spear	USA	1	
391 C	1941		Knochen glatt	Barlow, 1 Klinge, Clip	USA	1	
E 392	1890	1908	Geschnitztes Perlmutt	geschnitzter Griff in Hundeform	Solingen	5	2.5"
492	circa 1941		Knochen glatt	Barlow, 2 Klingen. BOKER Backenstempel	USA	2	3.312"
492	1950	1953	Knochen glatt	BOKER Made in USA Backenstempel	USA	2	3.312"
492	1954	1960	Knochen	Spearpoint	USA	2	3.312"
492	1961	1995	Delrin	Barlow, 2 Klingen	USA/Solingen	2	3.312"

Muster	Von	Bis	Griff	Bemerkungen	Produktion	Zahl Klingen	Länge Zoll
492 C	circa 1941		Jigged Bone	Barlow, 2 Klingen, Clip Klinge	USA	2	3.312"
492 C	circa 1941		Knochen	Barlow, 2 Klingen, Clip Klinge	USA	2	3.312"
492 CW	circa 1941		Knochen weiß	Barlow, 2 Klingen, Clip Klinge	USA	2	3.312"
493	1953	1960	Knochen	BOKER Made in USA Backenstempel, Clip Klinge	USA	2	3.312"
493	1960	1996	Delrin	Barlow, 2 Klingen, Clip Klinge	USA/Solingen	2	3.312"
494	1954	1960	Knochen	Barlow, 2 Klingen, Sheepfoot	USA	2	3.312"
494	1960	1981	Delrin	Barlow, 2 Klingen, Sheepfoot	USA	2	3.312"
495	1966	1981	Delrin	Barlow, 2 Klingen, Razor	USA	2	3.312"
501	1980	1981	Kunststoff	Großer Skinner	Solingen	1	8.75"
502	1980	1981	Kunststoff	Mittelgroßer Skinner	Solingen	1	8.75"
503	1980	1982	Kunststoff	Jagdmesser	Solingen	1	9.25"
504	1980	1981	Kunststoff	Kleines Bird&Trout-Jagdmesser	Solingen	1	9"
515	1990	1994	Palisander	Boot Knife, Dolch, 3" Klinge	Solingen	1	6.875"
540	circa 1964		Zelluloid-Perlmutt	Gentleman's Knife, mit Schere		3	3"
558	1990	1994	Micarta	Bowie Knife, Hohlschliff-Klinge	Solingen	1	9.5"
600	circa 1941		Hartgummi	Jagdmesser, "Razor Steel" Klinge	USA	1	7.75"
610	circa 1964		Delrin	Barehead Jack Knife	Solingen	1	
700	1990	1996	Delrin	Bokermatic	Solingen	1	4.375"
712	1960	1996	Delrin schwarz	Springmesser	Solingen	1	4.375"
715	1970	1990	Echtes Hirschhorn	Springmesser	Solingen	1	4.375"
735	1960	1966	Jigged Bone	Marlspieker-Messer	Solingen	2	4.5"
940	1975	1978	Delrin	Deluxe Camper's Knife	Solingen	4	3.625"
940	1978	1983	Palisander	Deluxe Camper's Knife	Solingen	4	3.625"
1000	1978	1987	Palisander	Drop Point Jagdmesser, Lockback	Solingen	1	4.25"
1001	1978	1988	Palisander	Lockback Skinner, Jagdmesser	Solingen	1	4.25"
1003	1982	1996	Rostfreier Stahl	Pocket Lockback	Solingen	1	2.75"
1004	1982	1996	Palisander	Pocket Lockback	Solingen	1	2.75"
1005	1982	1988	Glatter Knochen, grün	Pocket Lockback	Solingen	1	2.75"
1006	1988	1996	Echtes Hirschhorn	Pocket Lockback	Solingen	1	2.75"
1007	1988	1996	Perlmutt	Pocket Lockback	Solingen	1	2.75"
1010	1975		Delrin	Jagd-Klappmesser, Clip Klinge	Solingen	1	4"
1011	1982		Palisander	Lockback Jagdmesser, Clip Klinge	Solingen	1	5.25"
1064	1941	1960	Jigged Bone	Kleine Backen		2	3"
1064	circa 1964		Delrin	"Tree Brand" Ätzung		2	3"
1070	circa 1940s		Buchsbaum	Jagdmesser, "Razor Steel" Klinge	USA	1	8.75"
1153	1950	1960	Jigged Bone		USA	2	2.75"
1153	1964	1976	Delrin	Senator Pen Knife, "Tree Brand" Ätzung		2	2.75"
1158	1950	1960	Jigged Bone	Kleine Backen	USA	2	2.75"
1158	circa 1964		Delrin	"Tree Brand" Ätzung, Kleine Backen		2	2.75"
1178	circa 1941		Jigged Bone	Coke Bottle Griff	USA	2	3.625"
1600	circa 1941		Lederscheiben gestapelt	Jagdmesser, "Razor Steel" Klinge	USA	1	8.75"
2000	1981	1996	Palisander	Premium Folding Lockback Jagdmesser, Drop Point Klinge	Solingen	1	4.75"
2000 TH	1990	1994	Thuja-Holz	Premium Folding Lockback Jagdmesser	Solingen	1	4.75"
2001	1988		Palisander	Premium Folding Lockback Jagdmesser, Clip Klinge	Solingen	1	4.75"
2001 TH	1990	1994	Thuja-Holz	Premium Folding Lockback Jagdmesser, Clip Klinge	Solingen	1	4.75"
2002	1988	1996	Palisander	Premium Folding Lockback Jagdmesser, Clip Klinge	Solingen	1	4.125"
2002 TH	1988	1996	Thuja-Holz	Premium Folding Lockback Jagdmesser, Clip Klinge	Solingen	1	4.125"
2003	1988	1996	Delrin schwarz	Premium Folding Lockback Jagdmesser, Clip Klinge	Solingen	1	4.125"
2004	1988	1996	Hirschhorn poliert	Premium Folding Lockback Jagdmesser, Clip Klinge	Solingen	1	4.125"
2004 ST	1990	1996	Echtes Hirschhorn	Premium Folding Lockback Jagdmesser, Clip Klinge	Solingen	1	4.125"
2005	1988	1996	Perlmutt	Premium Folding Lockback Jagdmesser, Clip Klinge	Solingen	1	4.125"
2006	1988	1996	Glatter Knochen, rot	Premium Folding Lockback Jagdmesser, Clip Klinge	Solingen	1	4.125"
2007	1990	1996	Büffelhorn schwarz	Lockback Jagdmesser, Clip Klinge, rostfreier Stahl	Solingen	1	4.125"
2009	1988	1996	Titan	Lightweight Lockback, rostfreie Klinge	Solingen	1	
2010	1988	1996	Titan	Lightweight Lockback, rostfreie Klinge	Solingen	1	4.375"
2020	1956	1967	Jigged Bone	Jagd-Klappmesser	Solingen	2	5.25"
2020	1968	1996	Delrin	Jagd-Klappmesser	Solingen	2	5.25"
2020	1978	1996	Palisander	Jagd-Klappmesser	Solingen	2	5.25"
2020 HH	1995	1996	Echtes Hirschhorn	Jagd-Klappmesser	Solingen	2	5.25"
2021	1982	1988	Palisander	Double Lockback Jagdmesser, Clip und Skinner Klinge	Solingen	2	5.25"
2030	1990	1996	Titan	Keramik-Klinge	Solingen	1	2,625
2031	1990	1996	Blue Titan	Keramik-Klinge	Solingen	1	2,625
2040	1990	1996	Titan	Keramik-Klinge	Solingen	1	4.375"
2041	1990	1996	Glatter Knochen, grau	Keramik-Klinge	Solingen	1	4.375"
2050	1994	1996	Titan	440C Klinge	Solingen	1	4.375"
2489 SH	circa 1941		Perlmutt	Mit Schäkel		2	2.375"
2525	1980	1996	Palisander	Trapper's Knife, Clip & Spey Klinge	Solingen	2	4.25"
2525 B	1990	1993	Knochen	Trapper's Knife, Clip & Spey Klinge	Solingen	2	4.25"
2525 TH	1990	1993	Thuja-Holz	Trapper's Knife, Clip & Spey Klinge	Solingen	2	4.25"
2526	1990	1996	Glatter Knochen, rot	Trapper's Knife, eine Klinge	Solingen	1	4.25"
2626	1994	1996	Glatter Knochen, rot	Copperhead	Solingen	2	4.25"
4626	1996		Echtes Hirschhorn	Wie Modell 2626, jedoch mit Hirschhorn Griff	Solingen	2	4.25"
TB 2764	circa 1928		Perlmutt	Gold mit Freimaurer-Emblem	USA	2	
TB 2769	circa 1928		Perlmutt	Verschiedene Embleme	USA	2	
3000	1990	1996	Glatter Knochen, grün	Lockback Jagdmesser	Solingen	1	4.75"
3002	1995	1996	Palisander	Optima, Wechsel-Klinge Lockback	Solingen	1	4.75"
3004	1996		Echtes Hirschhorn	Optima, Wechsel-Klinge Lockback	Solingen	1	4.75"
3006	1995	1996	Glatter Knochen, grau	Optima, Wechsel-Klinge Lockback	Solingen	1	4.75"
3030	1972	1981	Delrin	Texas Jack Knife	USA	2	4"
3588	1941	1960	Jigged Bone		USA	2	3.375"
3588	1965	1981	Delrin	Serpentine Pen Knife	USA	2	3.375"

Muster	Von	Bis	Griff	Bemerkungen	Produktion	Zahl Klingen	Länge Zoll
6007	1908	1928	Jigged Bone	Congress	Solingen	4	3.25"
6007	1941	1964	Jigged Bone	"Tree Brand" Ätzung, BOKER/USA Ricasso-Prägung	USA	4	3.25"
6007	1965	1976	Delrin	Medium Congress	USA	4	3.25"
6049	1908	1928	Jigged Bone		Solingen	2	3.125"
6049 GB	1908	1928	Büffelhorn grau		Solingen	2	3.125"
6049 P	circa 1908		Perlmutt			2	3.125"
6050	1896	1928	Perlmutt	Wie Modell 6051	Solingen	3	3.125"
6051	1896	1928	Jigged Bone		Solingen	3	3.125"
6054	circa 1896		Jigged Bone		Solingen	2	3.5"
6055	1896	1928	Jigged Bone	Wharncliff Whittler, wie Modell 6054, jedoch mit 3 Klingen statt 2	Solingen	3	3.5"
6057	1905	1928	Perlmutt		Solingen	4	3"
6062	1896	1928	Knochen weiß	Wie Modell 6063	Solingen	3	3.375"
6063	1896	1928	Jigged Bone		Solingen	3	3.375"
6065	1905	1938	Büffelhorn grau	"Premium Stock Knife" Ätzung, wie 6066 jedoch mit Büffelhorn Griff	Solingen	3	4"
6066	1905	1968	Jigged Bone	"Premium Stock Knife" Ätzung	Solingen	3	4"
6066	1972	1978	Delrin	Premium Stock Knife	Solingen	3	4"
6066	1978	1981	Palisander	Premium Stock Knife	Solingen	3	4"
6066 P	circa 1910		Perlmutt	"Premium Stock Knife" Ätzung	Solingen	3	4"
6066 S	1925	1938	Jigged Bone	"Premium Stock Knife" Ätzung	Solingen	3	4"
6070	circa 1908		Jigged Bone	Bartender's Knife		4	3.25"
6071	1903	1908	Perlmutt	Bartender's Knife		4	3.25"
6075	1905	1918	Jigged Bone	Eisen-Platinen		2	3"
6085	1956	1961	Echtes Hirschhorn	"Premium Stock Knife" Ätzung, schräge Backen	Solingen	3	4"
6089	1956	1960	Zelluloid-Perlmutt	"Premium Stock Knife" Ätzung, schräge Backen	Solingen	3	4"
6098	1896	1941	Jigged Bone	Rattenschwanz-Backen Stahl	Solingen	2	3"
6098	1953	1955	Hirschhorn-Imitat		USA	2	3"
A 6098	1925	1941	Jigged Bone		USA	2	3"
6111	1908	1928	Jigged Bone	Bezeichnet als 6111S in 1908	Solingen	3	3.25"
6111 P	circa 1908		Perlmutt			3	3.25"
6113	1905	1940	Jigged Bone	Abgestufte Backen Congress	USA	4	3.5"
6113	1972	1981	Delrin	Abgestufte Backen Congress	USA	4	3.5"
6114	circa 1910		Perlmutt	Abgestufte Backen Congress		4	3.5"
6118	1925	1928	Jigged Bone	Rattenschwanz-Backen, gravierte Backen-Enden		3	3.75"
6119	1908	1928	Perlmutt			3	3.375"
6143	1896	1928	Jigged Bone		Solingen	3	3.25"
6145	1908	1928	Jigged Bone	Hummer-Messer	Solingen	3	3.25"
6146	circa 1908		Perlmutt	Hummer-Messer		3	3.375"
6148	1896	1928	Jigged Bone		Solingen	4	3.5"
6149	1896	1928	Perlmutt	Wie Modell 6148	Solingen	4	3.5"
6153	1913	1928	Jigged Bone		Solingen	4	3"
6157	1898	1928	Perlmutt		Solingen	4	3"
6189	1910	1965	Hartgummi	Abgestufte Backen Congress, wie Modell 6113	USA	4	3.5"
6189 W	circa 1914		Knochen weiß	Abgestufte Backen Congress, wie Modell 6189		4	3.5"
6190	1914	1928	Hartgummi	Verzierte Backen	Solingen	3	3.375"
6197	1914	1928	Jigged Bone		Solingen	2	3.375"
6197 GB	1905	1928	Büffelhorn grau		Solingen	2	3.375"
6198	circa 1914		Knochen weiß	Wie Modell 6197		2	3.375"
6201	1910	1928	Büffelhorn grau		Solingen	2	
6204	1910	1913	Perlmutt			4	3.25"
6215	1905	1928	Jigged Bone	Wharncliff Klinge	Solingen	3	3.125"
6218	1909	1910	Büffelhorn grau			3	3"
6219	1905	1928	Perlmutt	Gentleman's Knife		4	2.875"
6223	circa 1908		Jigged Bone	Champagner-Messer	Solingen	3	3.625"
6228	1910	1928	Perlmutt		Solingen	4	3.5"
6231	circa 1928		Jigged Bone	Wharncliff Whittler	Solingen	3	
6232	1925	1928	Jigged Bone		Solingen	3	2.75"
6232 P	1918	1928	Perlmutt		Solingen	3	2.75"
6243	1913	1928	Jigged Bone	Wie Modell 6006, jedoch mit Eisen-Platinen, ohne Emblem	USA	4	3.75"
6244	1922	1928	Perlmutt		Solingen	4	2.875"
6260	1905	1928	Perlmutt		Solingen	4	2.75"
6273	1908	1928	Aluminium	Verzierter Griff	Solingen	2	2.875"
6275	1925	1928	Aluminium	Verzierter Griff	Solingen	3	3.75"
6282	circa 1905		Jigged Bone	"Carpenter's Knife" Ätzung		4	3.875"
6292	1910	1913	Perlmutt	Wie Modell 5613, jedoch mit Perlmutt-Griff		4	3"
6304	1905	1928	Jigged Bone	2 Klingen & Korkenzieher	Solingen	3	3.375"
6308	1905	1910	Jigged Bone			4	
6308	1905	1928	Echtes Hirschhorn			4	
6314	1908	1928	Perlmutt	Pen Knife	Solingen	2	2.5"
6315	1905	1928	Perlmutt	Pen Knife	Solingen	4	2.5"
6318	1914	1928	Jigged Bone	Arztmesser	Solingen	2	3.25"
6330	1905	1928	Perlmutt	Swell center, swayback	Solingen	3	3.25"
6335	circa 1908		Aluminium			2	2.375"
6371	1905	1928	Büffelhorn grau	Whittler mit Eichenblatt-Emblem	Solingen	3	3.5"
6371	1925	1928	Jigged Bone	Whittler mit Eichenblatt-Emblem	Solingen	3	3.5"
6372	1898	1928	Jigged Bone		Solingen	3	3.25"
6378	1905	1928	Perlmutt	"Celebrated Knife" Ätzung, Whittler, wie Modell 5607	Solingen	3	3.625"
6379	1898	1928	Perlmutt	"Celebrated Knife" Ätzung, Whittler, wie Modell 5605	Solingen	3	3.25"
6380	1905	1928	Perlmutt			3	3.25"
6381	1898	1928	Perlmutt		Solingen	4	3.25"
6384	1905	1964	Jigged Bone			2	3"
492	1961	1995	Delrin	Barlow, 2 Klingen	USA/Solingen	2	3.312"

Muster	Von	Bis	Griff	Bemerkungen	Produktion	Zahl Klingen	Länge Zoll
6384	1965	1988	Delrin	Half Congress Pen Knife	USA	2	3"
6402	1905	1928	Ebenholz		Solingen	3	3.375"
6414	1922	1928	Perlmutt		Solingen	3	2.75"
6425	1908	1928	Knochen weiß	Gärtnermesser		1	4.25"
6427	1908	1928	Horn schwarz	Gärtnermesser	Solingen	1	4.375"
6433	1905	1914	Jigged Bone	"Cattle Knife" Ätzung		3	3.625"
6451	1918	1928	Perlmutt	Swell Center Pen Knife	Solingen	2	
6453	1905	1928	Jigged Bone	Arztmesser		2	3.75"
6457	1905	1928	Jigged Bone		Solingen	4	3.375"
6462	circa 1910		Jigged Bone	Wharncliff Whittler		3	3.75"
6467	1898	1928	Perlmutt	Hummer-Messer	Solingen	3	3"
6468	1898	1928	Jigged Bone	Wie Modell 6467	Solingen	3	3"
6484	1972	1981	Delrin	Small Congress	USA	4	3"
6503	1903	1928	Perlmutt	Gentleman's Knife	Solingen	3	2.875"
6504	1905	1928	Perlmutt	Gentleman's Knife		4	3.125"
6511	1898	1908	Büffelhorn grau		Solingen	3	3"
6512	1898	1928	Jigged Bone		Solingen	2	3.5"
6514	1910	1928	Neusilber		Solingen	2	
6518	1905	1928	Jigged Bone		Solingen	2	3.25"
6518 W	circa 1914		Knochen weiß			2	3.25"
A 6518	1928	1941	Jigged Bone		USA	2	3.25"
A 6518 GB	1928	1941	Büffelhorn grau		USA	2	3.25"
6524	1905	1928	Jigged Bone			4	3.125"
6524	1905	1928	Echtes Hirschhorn		Solingen	4	3.125"
6526	1905	1928	Echtes Hirschhorn		Solingen	3	3.375"
6539	1914	1918	Perlmutt	Half Congress		2	3"
6541 P	1905	1928	Perlmutt	Gentleman's Knife	Solingen	6	3"
6542	1905	1928	Jigged Bone	Gentleman's Knife	Solingen	6	2.875"
6554	1910	1928	Jigged Bone	Congress	Solingen	4	3.375"
6557	1910	1928	Perlmutt		Solingen	2	
6559	1918	1928	Perlmutt	Wharncliff Whittler	Solingen	3	
6595	1910	1928	Perlmutt	Pen Knife	Solingen	2	
6596	1910	1918	Perlmutt	Half Congress		2	2.625"
6597	1913	1928	Jigged Bone	Congress	Solingen	4	3.375"
6598	1913	1960	Jigged Bone	Half Congress	Solingen	2	3.625"
6598	1972		Delrin	Half Congress	USA	2	3.625"
6608	circa 1908		Knochen weiß	Office Knife		2	3.75"
6608	1914	1928	Zelluloid weiß	Office Knife	Solingen	2	3.75"
6616	1922	1928	Echtes Hirschhorn		Solingen	4	3.5"
6621	1905	1928	Ebenholz		Solingen	2	3.25"
6623	1908	1941	Zelluloid weiß	Office Knife	Solingen	2	3.125"
6626	1905	1928	Jigged Bone	Wie Modell 5695, jedoch mit Jigged Bone Griff	Solingen	3	3.375"
6630	1905	1928	Jigged Bone		Solingen	2	3"
6645	1910	1928	Jigged Bone		Solingen	3	
6651	1918	1928	Jigged Bone		Solingen	2	
6652	1905	1928	Jigged Bone	Korkenzieher	Solingen	3	3.25"
6656	1905	1928	Jigged Bone	Lock Back Jagdmesser	Solingen	1	
6668	1905	1928	Perlmutt	Mit Schäkel	Solingen	4	2.75"
6673	1910	1928	Jigged Bone	Tabakmesser, Platinen & Backen Stahl	Solingen	2	
6681	1910	1918	Perlmutt			2	
6697	1908	1928	Zelluloid weiß	Hühneraugenmesser		1	3.25"
6702	1908	1928	Jigged Bone	Lockback Jagdmesser	Solingen	1	
6705	1905	1918	Ebenholz			2	2.5"
6706	1910	1918	Jigged Bone			2	
6718	1918	1928	Jigged Bone	Wharncliff Pen Knife	Solingen	2	
6719	1918	1928	Jigged Bone		Solingen	2	
6720	1905	1928	Kokosnuss	"Swedish pattern, Elektriker-Messer", "Celebrated Knife" Ätzung	Solingen	3	3.625"
6748	1905	1928	Jigged Bone	Swell Center Whittler	Solingen	3	3.625"
6749	1905	1928	Büffelhorn grau	Wie Modell 6748	Solingen	3	3.625"
6751	circa 1928		Perlmutt	Whittler	Solingen	3	
6759	1918	1928	Perlmutt		Solingen	3	
6760	1918	1928	Perlmutt		Solingen	3	
6761	1905	1928	Perlmutt		Solingen	3	3"
6762	1905	1928	Jigged Bone		Solingen	4	3"
6774	circa 1928		Perlmutt	Whittler mit Eichenblatt-Emblem, wie 6371 jedoch mit Perlmutt Griff	Solingen	3	3.5"
6775	1908	1922	Perlmutt			2	3"
6781	1905	1928	Perlmutt			4	3"
6783	1918	1928	Jigged Bone		Solingen	2	
6787	1922	1928	Perlmutt	Gentleman's Knife	Solingen	3	
6789	1922	1928	Perlmutt		Solingen	2	3"
6803	1918	1928	Perlmutt	Gentleman's Knife	Solingen	4	
6820	1908	1928	Gepresster Stahl	Boy's Knife	Solingen	1	3"
6824	1910	1928	Stahl		Solingen	2	
6835	1905	1918	Jigged Bone	Arztmesser mit Spatel		2	3.375"
6841	1905	1928	Perlmutt		Solingen	3	3.125"
6848	1914	1928	Perlmutt		Solingen	4	3.25"
6875	1918	1928	Neusilber	Verzierter Griff	Solingen	2	
6894	1905	1928	Jigged Bone	Stockman	Solingen	3	3.375"
6895	1928	1938	Jigged Bone	Stockman	Solingen	3	3.25"
6900	1922	1928	Perlmutt	Wie Modell 6902	Solingen	2	3"
492	1961	1995	Delrin	Barlow, 2 Klingen	USA/Solingen	2	3.312"

Muster	Von	Bis	Griff	Bemerkungen	Produktion	Zahl Klingen	Länge Zoll
6902	1914	1928	Jigged Bone	Wie Modell 6900	Solingen	2	3"
6909	circa 1918		Neusilber	Verzierter Griff		2	
6911	1913	1914	Perlmutt	Congress		4	3.25"
6914	1925	1928	Perlmutt		Solingen	3	3.5"
6925	1914	1928	Perlmutt	Gentleman's Knife	Solingen	3	2.5"
6937	1908	1928	Aluminium	Verzierter Griff	Solingen	2	3.25"
6945	circa 1905		Jigged Bone	Gentleman's Knife		6	3.5"
6946	1925	1928	Jigged Bone	"Celebrated Knife" Ätzung	Solingen	3	3.375"
6947	1905	1928	Jigged Bone	"Celebrated Knife" Ätzung, Whittler	Solingen	3	3.625"
6972	1905	1928	Perlmutt	"Celebrated Knife" Ätzung	Solingen	3	3.125"
6999	1914	1928	Stahl		Solingen	3	3"
7002	1910	1928	Stahl	Gentleman's Knife	Solingen	3	3"
7003	1910	1928	Stahl	Gentleman's Knife	Solingen	4	3"
7034	1905	1928	Büffelhorn schwarz	"Celebrated Knife" Ätzung	Solingen	3	3.125"
7042	1914	1918	Zelluloid-Perlmutt			2	3.25"
7064	1910	1928	Jigged Bone		Solingen	2	
7064	1941		Jigged Bone		USA	2	
7065	1910	1928	Jigged Bone		Solingen	2	
A 7065 NH	1928		Pyralin-Hirschhorn-Imitat		USA	2	
7066	1918	1928	Ebenholz		Solingen	2	
7069	1910	1913	Jigged Bone	Eisen-Backen		2	
7074	circa 1928		Echtes Hirschhorn	Fishtail	Solingen	1	
7074 P	circa 1928		Perlmutt	Fishtail	Solingen	1	
7083	1910	1928	Jigged Bone		Solingen	2	
7089	1910	1928	Ebenholz		Solingen	2	
7090	1910	1928	Jigged Bone		Solingen	2	
A 7090	1925	1928	Jigged Bone		USA	2	
7097	1922	1928	Perlmutt		Solingen	2	
7101	circa 1928		Echtes Hirschhorn	Swell Center Whittler, Rattenschwanz-Backen Eisen	Solingen	3	
7114	circa 1928		Stahl	„Swedische Ätzung" auf Griff	Solingen	3	
7142	circa 1928		Stahl	Champagner-Messer	Solingen	3	
7161	circa 1928		Perlmutt		Solingen	3	
7164	1915	1928	Perlmutt	Gentleman's Knife, mit Schere	Solingen	4	
7167	1905	1928	Jigged Bone	"Great Western" Ätzung	Solingen	3	3.875"
7168	circa 1928		Neusilber	Verzierter Griff, "art deco" Design	Solingen	2	
7185	1914	1928	Stahl		Solingen	2	
7192	circa 1928		Neusilber	„Schwedische Ätzung" auf Griff, florales Design	Solingen	3	
7198	1918	1928	Metall	Griff emailliert & vergoldet	Solingen	3	
7199	1914	1918	Stahl			2	3.25"
7204	circa 1928		Ebenholz	Scout Knife, keine Backen	Solingen	6	
7208	1918		Jigged Bone	Champagner-Messer, mit Korkenzieher & Pinzette im Griff		4	
7208	1928		Echtes Hirschhorn	Champagner-Messer	Solingen	4	
7210	circa 1928		Büffelhorn grau	Whittler	Solingen	3	
7228	circa 1928		Perlmutt	Mit Zahnstocher & Pinzette	Solingen	5	
7233	1914	1918	Jigged Bone			2	
7267	1925	1928	Perlmutt		Solingen	2	4"
7267	1955	1968	Jigged Bone	"Great Western" Ätzung	Solingen	2	4"
7267	1972	1976	Delrin	Trapper's Knife, Clip & Spey Klinge	Solingen	2	4"
7269	circa 1928		Neusilber	Gentleman's Knife, mit Schere, "art deco"-Griff	Solingen	3	
7273	1914		Stahl	Eingelegtes Freimaurer-Emblem in Gold		2	3"
7274	1928		Stahl	Freimaurer-Emblem		4	
7275	circa 1928		Jigged Bone	"RADIUM Stock Knife" Ätzung	Solingen	3	
7276	circa 1928		Perlmutt	"RADIUM Stock Knife" Ätzung	Solingen	3	
7281	1922	1928	Perlmutt		Solingen	4	2.625"
7287	circa 1928		Neusilber	"Schwedische Ätzung" auf Griff	Solingen	3	
7288	1960	1961	Delrin	"Tree Brand" Ätzung	Solingen	2	3.25"
7289	circa 1928		Jigged Bone	Whittler	Solingen	3	
7299	1914	1928	Jigged Bone	Champagner-Messer	Solingen	3	3.25"
7300	circa 1928		Ebenholz	Beschneidungsmesser	Solingen	2	
7304	1925	1938	Jigged Bone	"Premium Punch Knife" Ätzung	Solingen	3	3.875"
7309	circa 1928		Stahl	„Shriner's" Emblem		2	
7322	1928		Stahl	„ELKS" Emblem		2	
7323	1914		Stahl	„ELKS" Emblem in Gold		2	
7361 P	circa 1928		Perlmutt	Arztmesser	Solingen	2	
7361 ST	circa 1928		Jigged Bone	Arztmesser	Solingen	2	
7362	circa 1928		Neusilber	Verzierter Griff	Solingen	2	
7367	1955	1967	Jigged Bone	"Great Western" Ätzung	Solingen	3	4"
7374	1950	1965	Jigged Bone	"Premium Punch Knife" Ätzung	Solingen	3	4"
7374	1966	1975	Delrin	"Premium Punch Knife" Ätzung	Solingen	3	4"
7375	1922	1928	Perlmutt	Weißes und schwarzes Perlmutt kombiniert	Solingen	3	3"
7388	1972	1978	Delrin	Medium Premium Stock Knife mit Punch Klinge	Solingen	3	3.5"
7388	1978	1981	Palisander	Medium Premium Stock Knife, mit Punch Klinge	Solingen	3	3.5"
7389	circa 1928		Jigged Bone	Gunstock-Griffform, Stockman, Punch	Solingen	3	
7390	circa 1928		Jigged Bone	Gunstock-Griffform, Stockman	Solingen	3	
7405	circa 1928		Perlmutt	Abgestufte Backen Congress, wie Modell 6113	Solingen	4	3.5"
7415	1922	1928	Stahl	Mit Schere	Solingen	3	3.125"
7456	circa 1928		Jigged Bone	Ringöffner für Klinge	Solingen	2	
7457	circa 1928		Perlmutt	Ringöffner für Klinge	Solingen	2	
7474	1925	1968	Jigged Bone	"Premium Stock Knife" Ätzung	Solingen	3	4"
7474	1972	1978	Delrin	Premium Stock Knife	Solingen	3	4"
492	1961	1995	Delrin	Barlow, 2 Klingen	USA/Solingen	2	3.312"

Muster	Von	Bis	Griff	Bemerkungen	Produktion	Zahl Klingen	Länge Zoll
7474	1980	1996	Palisander	Premium Stock Knife	Solingen	3	4"
7474 B	1980	1983	Jigged Bone	Premium Stock Knife	Solingen	3	4"
7474 B	1990	1993	Knochen	Premium Stock Knife	Solingen	3	4"
7474 SS	1988	1996	Glatter Knochen, rot	Large Premium Stock Knife, rostfreie Klinge	Solingen	3	4"
7475	1928	1938	Büffelhorn grau	"Premium Stock Knife" Ätzung	Solingen	3	4"
7475	1956		Echtes Hirschhorn	"Premium Stock Knife" Ätzung	Solingen	3	4"
7479	1956		Zelluloid-Perlmutt	"Premium Stock Knife" Ätzung	Solingen	3	4"
7488	1922	1928	Stahl		Solingen	3	2.25"
7514	1925	1928	Perlmutt	Schäkel	Solingen	2	2.5"
7517	1928		Zelluloid weiß	Office Knife	Solingen	2	
7545	1925	1928	Neusilber	Schäkel	Solingen	2	3.5"
7547	1928		Jigged Bone	"Celebrated Knife" Ätzung	Solingen	2	
7548	1928		Stahl	Feuervergoldung auf Griff	Solingen	4	
7549	1928		Stahl	Feuervergoldung auf Griff	Solingen	3	
7550	1928		Echtes Hirschhorn	"Celebrated Knife" Ätzung	Solingen	3	
7556	1928		Jigged Bone	"Celebrated Knife" Ätzung, abgeschrägte Backen	Solingen	2	
7558	1928		Jigged Bone	Springmesser	Solingen	1	6.25"
7565	1928		Jigged Bone	Korkenzieher	Solingen	3	
7568	1928		Echtes Hirschhorn	Korkenzieher	Solingen	4	
7574	1928		Echtes Hirschhorn	Whittler	Solingen	3	
7578	1928		Echtes Hirschhorn	Korkenzieher	Solingen	3	
7578 NH	1966		Pyralin-Hirschhorn-Imitat	"Tree Brand" Ätzung	USA		
7579	1928		Echtes Hirschhorn	Korkenzieher	Solingen	3	
7581	1928		Jigged Bone	Melonenmesser	Solingen	2	
7585	1956		Echtes Hirschhorn	"Tree Brand" Ätzung	Solingen	3	3.375"
7585	1960	1961	Jigged Bone	"Tree Brand" Ätzung	Solingen	3	3.375"
7588	1954	1968	Jigged Bone	"Tree Brand" Ätzung in 1950ern, "Tree Brand" Ätzung mit Musternummer in den frühen 60ern, "Premium Stock Knife" Ätzung mit Musternummer in späten 6ern	Solingen	3	3.25"
7588	1972	1978	Delrin	Medium Premium Stock Knife	Solingen	3	3.25"
7588	1978	1986	Palisander	Medium Premium Stock Knife	Solingen	3	3.25"
7588	1988	1996	Jigged Bone, grün	Medium Premium Stock Knife	Solingen	3	3.25"
7588 B	1980	1981	Jigged Bone	Medium Premium Stock Knife	Solingen	3	3.25"
7588 SS	1988	1996	Glatter Knochen, braun	Medium Premium Stock Knife, rostfreie Klinge	Solingen	3	3.25"
7588 TH	1990	1993	Thuja-Holz	Medium Premium Stock Knife	Solingen	3	3.25"
7593	1960		Hirschhorn-Imitat	Camp Knife	Solingen	6	3.625"
7593	1950	1968	Jigged Bone	Camp Knife	Solingen	6	3.625"
7593 SS NP	1961		Zelluloid-Perlmutt	Camp Knife, rostfreie Klinge	Solingen	6	3.625"
7594	1956	1960	Pyralin rot	Mit Kreuzschlitz-Schraubendreher	Solingen	6	3.625"
7594	1960	1967	Hirschhorn-Imitat	Camp Knife	Solingen	6	3.625"
7594 R	1956		Jigged Bone	Mit Kreuzschlitz-Schraubendreher	Solingen	6	3.625"
7612	1960	1975	Rostfreier Stahl	Dress Pen Knife, rostfreie Klinge	Solingen	2	3"
7614	1954	1976	Rostfreier Stahl	Dress Pen Knife, rostfreie Klinge	Solingen	2	3.5"
7614 M	1955		Rostfreier Stahl	Freimaurer-Emblem	Solingen	2	3.5"
7614 S	1955		Rostfreier Stahl	„Shriner's" Emblem	Solingen	2	3.5"
7616	1960	1976	Rostfreier Stahl	Gentleman's Knife, "Deluxe Pen & Fly Fisher"	Solingen	3	3"
7617	1956	1964	Metall	Griff Gold mit Gravur und Emaillierung rot-schwarz	Solingen	3	3"
7618	1956	1964	Metall	Griff Gold mit Gravur und Emaillierung rot-schwarz, Schere	Solingen	3	3"
8012	1928		Neusilber	Mit Kapselheber	USA	2	
8064 NP	1953	1964	Zelluloid-Perlmutt	"Tree Brand" Ätzung	USA	2	3.125"
8113	1950	1962	Jigged Bone	Stockman, "türkische" Clippoint-Klinge, schräge Backen	USA	3	3.5"
8113	1972	1981	Delrin	Medium Premium Stock Knife, lange "türkische" Clippoint-Klinge	USA	3	3.5"
8117	1950	1960	Jigged Bone	Stockman, schräge Backen, Punch	USA	3	3.5"
8117	1962	1968	Delrin	"Tree Brand" Ätzung	USA	3	3.5"
8117 NH	1966		Pyralin-Hirschhorn-Imitat	"Tree Brand" Ätzung	USA	3	3.5"
8122	1950	1960	Jigged Bone		USA	2	3.5"
8122	1962	1972	Delrin	Medium Jack Knife	USA	2	3.5"
8128	1954	1960	Jigged Bone		USA	3	3.5"
8128	1972	1982	Delrin	Medium Premium Stock Knife	USA	3	3.5"
8229	1988	1994	Delrin	Elektriker-Messer, Hawkbill Klinge	Solingen	2	3.75"
8248	1972	1983	Delrin	Small Serpentine Jack Knife	USA	2	2.75"
8248	1986	1994	Delrin	Small Serpentine Jack Knife	Solingen	2	2.75"
8287	1956	1964	Jigged Bone			2	2.75"
8288	1950	1964	Jigged Bone	"Tree Brand" Ätzung auf USA-Messern, "Tree Brand Solingen" Ätzung auf Solingen-Messern	USA	2	2.75"
8288	1964	1988	Delrin	"Tree Brand" Ätzung	USA	2	2.75"
8288	1990	1994	DEL-BONE	Pen Knife	Solingen	2	2.75"
8288 B	1990	1993	Knochen	Pen Knife	Solingen	2	2.75"
8288 DSS	1988		Green / Delrin schwarz	Small Pen Knife, rostfreie Clip & Pen Klinge		2	2.75"
8288 HH	1988	1996	Echtes Hirschhorn	Pen Knife	Solingen	2	2.75"
8288 I	1972	1978	Delrin	Small Pen Knife	Solingen	2	2.75"
8288 I	1980	1996	Palisander	Pen Knife	Solingen	2	2.75"
8288 P	1988	1996	Perlmutt	Pen Knife	Solingen	2	2.75"
8288 SS	1988	1996	Glatter Knochen, rot	Pen Knife	Solingen	2	2.75"
8288 T	1994	1996	Schildpatt-Imitat	Pen Knife	Solingen	2	2.75"
8288 TH	1990	1993	Thuja-Holz	Pen Knife	Solingen	2	2.75"
8288 Y	1964		Pyralin gelb	"Tree Brand" Ätzung		2	2.75"
8293	1941		Echtes Hirschhorn			4	3.125"
8312	1950	1953	Zelluloid schwarz	Carpenter's Whittler	USA	3	3.5"
8313	1941	1964	Jigged Bone	Carpenter's Whittler	USA	3	3.5"
8313	1972	1981	Delrin	Carpenter's Knife, Whittler	USA	3	3.5"

Muster	Von	Bis	Griff	Bemerkungen	Produktion	Zahl Klingen	Länge Zoll
8313	1982	1994	DEL-BONE	Carpenter's Knife, Whittler	Solingen	3	3.5"
8329	1988	1994	Delrin	Elektriker-Messer, 3 Klingen	Solingen	3	3.75"
8348	1950	1964	Jigged Bone	Clip Klinge	USA	2	3.375"
8348	1972	1982	Delrin	Medium Jack Knife	USA	2	3.375"
8348	1988	1994	DEL-BONE	Jack Knife, Clip & Pen Klinge	Solingen	2	3.375"
8348 NP	1950		Zelluloid-Perlmutt		USA	2	3.375"
8368	1953	1964	Jigged Bone	Säbel-Klinge	USA	2	4"
8368	1972	1981	Delrin	Large Jack Knife	USA	2	4"
8388	1941	1964	Jigged Bone	Small Premium Stock Knife	USA	3	2.75"
8388	1972	1983	Delrin	Small Premium Stock Knife	USA	3	2.75"
8388	1988	1994	DEL-BONE	Pony Stock Knife	Solingen	3	2.75"
8388 B	1990	1996	Knochen	Pony Stock Knife	Solingen	3	2.75"
8388 DSS	1988		Delrin schwarz	Pony Stock Knife, rostfreie Klinge		3	2.75"
8388 HH	1988	1993	Echtes Hirschhorn	Pony Stock Knife, rostfreie Klinge	Solingen	3	2.75"
8388 I	1972	1978	Delrin	Pony Stock Knife	Solingen	3	2.75"
8388 I	1978	1981	Palisander	Pony Stock Knife	Solingen	3	2.75"
8388 I	1988	1996	Jigged Bone, grün	Pony Stock Knife	Solingen	3	2.75"
8388 SS	1988	1996	Glatter Knochen, rot	Pony Stock Knife, rostfreie Klinge	Solingen	3	2.75"
8388 Y	1950		Pyralin gelb		USA	3	2.75"
8573	1941	1964	Jigged Bone	"Boker Tree Brand" Ätzung in 1940ern, "Tree Brand" Ätzung, Reibrille für Zündhölzer in 1960ern	USA	3	4"
8573	1968	1983	Delrin	Large Premium Stock Knife	USA	3	4"
8573	1988	1993	DEL-BONE	Large Premium Stock Knife	Solingen	3	4"
8578	1950	1962	Jigged Bone	"Premium Punch Knife" Ätzung	USA	3	4"
8578	1962	1966	Delrin	"Tree Brand" Ätzung	USA	3	4"
P 8578	1966		Delrin	"Tree Brand" Ätzung, Pen Klinge statt Punch	USA	3	4"
8585	1950	1962	Jigged Bone	Stockman	USA	3	3.375"
8585	1968	1981	Delrin	Medium Premium Stock Knife	USA	3	3.375"
8585 NH	1950		Pyralin-Hirschhorn-Imitat		USA	3	3.375"
8588	1953	1954	Jigged Bone		USA	3	3.375"
8588	1972	1983	Delrin	Medium Premium Stock Knife	USA	3	3.375"
8588	1988	1994	DEL-BONE	Medium Premium Stock Knife	Solingen	3	3.375"
8588 B	1990	1993	Knochen	Medium Premium Stock Knife	Solingen	3	3.375"
8588 T	1994	1996	Schildpatt-Imitat	Medium Premium Stock Knife	Solingen	3	3.375"
8593	1950	1960	Jigged Bone	Stockman mit Punch Klinge	USA	3	3.375"
8593	1966	1982	Delrin	Medium Premium Stock Knife mit Punch Klinge, "Tree Brand" Ätzung	USA	3	3.375"
8593 NH	1966		Pyralin-Hirschhorn-Imitat	"Tree Brand" Ätzung	USA	3	3.375"
8593 NP	1966		Zelluloid-Perlmutt	"Tree Brand" Ätzung	USA	3	3.375"
8842	1953	1960	Jigged Bone		USA	2	3.625"
8842	1972	1975	Delrin	Symmetrisches Jack Knife	USA	2	3.625"
9023	1925	1962	Jigged Bone	"Tree Brand" Ätzung	USA	2	3.062"
9023	1972	1981	Delrin	Small Jack Knife	USA	2	3.062"
9023 NH	1928		Pyralin-Hirschhorn-Imitat		USA	2	3.062"
9023 NP	1928	1954	Zelluloid-Perlmutt		USA	2	3.062"
9033	1925	1928	Jigged Bone	"Tree Brand" Ätzung	USA	2	3.75"
9038	1925	1928	Jigged Bone		USA	2	3.5"
9043	1928		Jigged Bone	"Tree Brand" Ätzung	USA	2	3"
9043 AT	1925	1928	Metall	"Tree Brand" Ätzung	USA	2	3"
9064	1950	1953	Jigged Bone		USA	2	3.125"
9068	1925	1938	Jigged Bone	"Premium Stock Knife" Ätzung, Clip Klinge, Zündholz-Reibrille	USA	3	4"
9068 BH	1928		Büffelhorn	"Premium Stock Knife" Ätzung	USA	3	4"
9068 NH	1928		Pyralin-Hirschhorn-Imitat	"Premium Stock Knife" Ätzung	USA	3	4"
9073	1928	1938	Jigged Bone	"Premium Punch Knife" Ätzung	USA	3	4"
9100	1928		Zelluloid weiß	Office Knife	USA	2	
9113	1925	1941	Jigged Bone	"Tree Brand" Ätzung, Clip Klinge, schräge Backen	USA	3	3.5"
9113 Aba	1928		Abalone	"Tree Brand" Ätzung, schräge Backen	USA	3	3.5"
9118	1928		Jigged Bone	"Tree Brand" Ätzung, Stockman mit Clip & Punch Klinge	USA	3	
9140	1905		Kokosnuss	Wie Modell 9145		2	3.5"
9145	1905	1914	Ebenholz	"Tree Brand" Ätzung, Eisen-Platinen		2	3.5"
9151	1925	1928	Hartgummi schwarz		USA	2	3.375"
9153	1925	1928	Jigged Bone		USA	2	3.75"
9215	1914	1941	Palisander	Beschneidungsmesser, Platinen und Backen Stahl	USA	1	4"
9215	1950	1968	Cocobolo	Beschneidungsmesser	USA	1	4"
9215	1972	1996	Delrin	Beschneidungsmesser	USA	1	4"
9215 M	1980	1996	Delrin schwarz	Utility Knife, "THE MINER" Klingenätzung	USA/Solingen	1	4"
9215 R	1975	1981	Delrin rot	Beschneidungsmesser	USA	1	4"
9229	1966	1968	Cocobolo	Elektriker-Messer	USA	2	3.625"
9229	1972	1983	Delrin	Elektriker-Messer	USA	2	3.625"
9229	1988	1994	Smooth Delrin	Elektriker-Messer	Solingen	2	3.625"
9260	1925	1928	Palisander	"Tree Brand" Ätzung	USA	2	3.25"
9261	1925	1928	Ebenholz	"Tree Brand" Ätzung	USA	2	3.25"
9263	1925	1928	Jigged Bone	Spear Klinge	USA	2	3.25"
9263 C	1925	1928	Jigged Bone	Clip Klinge	USA	2	3.25"
9263 SF	1928		Jigged Bone	Sheepfoot	USA	2	3.25"
9273	1925	1928	Jigged Bone	"Tree Brand" Ätzung	USA	2	3.375"
9273 C	1928	1941	Jigged Bone	Clip Klinge	USA	2	3.375"
9273 SF	1928		Jigged Bone	Sheepfoot	USA	2	3.375"
9273 YP	1941		Pyralin gelb		USA	2	3.375"
9292 SS	1941		Pyralin gelb	Anglermesser, rostfreier Stahl, wie SS 88	USA	2	4.25"
9293	1928	1960	Jigged Bone	Fishtail	USA	1	3.875"
9293	1972		Delrin	Fishtail	USA	1	3.875"

Muster	Von	Bis	Griff	Bemerkungen	Produktion	Zahl Klingen	Länge Zoll
9293 CS	1941		Pyralin gestreift	Fishtail	USA	1	3.875"
9293 Y	1966		Pyralin gelb	Fishtail	USA	1	3.875"
9302	1914	1915	Neusilber	"Tree Brand" Ätzung auf Griff & Klinge		2	3.5"
9308	1914	1928	Jigged Bone	"Tree Brand" Ätzung	USA	2	3.25"
9308 BW	1915		Zelluloid, schwarz-weiß gestreift	"Tree Brand" Ätzung		2	3.25"
9314	1914	1915	Neusilber	Verzierter Griff		2	3.5"
9315	1914		Neusilber	mit Kapselheber, Verzierung auf Griff		2	3.5"
9325	1914	1928	Jigged Bone	"Tree Brand" Ätzung	USA	2	3.5"
9330	1914	1928	Jigged Bone	Punch Klinge, "Tree Brand" Ätzung	USA	2	3.25"
9330 GP	1928		Pyralin gold	"Tree Brand" Ätzung	USA	2	3.25"
9330 NH	1928		Pyralin-Hirschhorn-Imitat	"Tree Brand" Ätzung	USA	2	3.25"
9330 X	1914		Jigged Bone	Wie Modell 9330, jedoch mit Punch-Klinge		2	3.25"
9331	1914		Jigged Bone	"Elefantenzeh"-Muster		2	4"
9334	1914	1915	Zelluloid, rot-schwarz gestreift	"Tree Brand" Ätzung		2	3.75"
9334	1928		Jigged Bone	"Tree Brand" Ätzung	USA	2	3.75"
9335	1913	1928	Jigged Bone	"Tree Brand" Ätzung, Clip Klinge	USA	2	3.75"
9341	1914	1928	Jigged Bone	"Tree Brand" Ätzung	USA	2	3"
9341 Irr	1928		Regenbogenfarben	"Tree Brand" Ätzung	USA	2	3"
9344	1925	1928	Jigged Bone	"Tree Brand" Ätzung, Clip Klinge, Reibrille für Zündhölzer	USA	2	4"
9348	1925	1941	Jigged Bone	"Tree Brand" Ätzung	USA	2	3.75"
9348 NH	1925	1928	Pyralin-Hirschhorn-Imitat	"Tree Brand" Ätzung, Clip Klinge	USA	2	3.75"
9361	1925	1962	Jigged Bone	Bezeichnet als "Boy Scout" oder „Army Knife" in 1925, "Scout Knife" danach	USA	4	3.625"
9361	1964	1988	Delrin	Scout Knife	USA	4	3.625"
9368	1925	1941	Jigged Bone	"Tree Brand" Ätzung, Clip Klinge	USA	2	4"
9397	1928		Jigged Bone	Gunstock-Griffform-Form	USA	2	
9413 Pyr	1928		Pyralin	Mit Kapselheber	USA	2	
9418	1925	1928	Jigged Bone	Fishtail	USA	1	3.875"
9418 PYR	1925	1928	Pryralin	Fishtail	USA	1	3.875"
9431	1928		Jigged Bone	"Tree Brand" Ätzung, Canoe-Typ, schräge & abgeschrägte Backen	USA	2	
9433	1928		Jigged Bone	"Tree Brand" Ätzung, schräge Backen	USA	3	
9433 NH	1928		Pyralin-Hirschhorn-Imitat	"Tree Brand" Ätzung, schräge Backen	USA	3	
9433 PYR	1928		Pyralin	"Tree Brand" Ätzung, schräge Backen	USA	3	
9438	1928		Jigged Bone	"Tree Brand" Ätzung, schräge Backen	USA	3	
9438 PYR	1928		Pyralin	"Tree Brand" Ätzung, schräge Backen	USA	3	
9463	1925	1928	Jigged Bone	"Tree Brand" Ätzung, schräge Backen	USA	2	3.25"
9463 NH	1925	1928	Pyralin-Hirschhorn-Imitat	"Tree Brand" Ätzung, schräge Backen	USA	2	3.25"
9471	1941		Jigged Bone	BOKER Made in USA "cloud" Backenstempel	USA	2	4.25"
9471 W	1941	1954	Zelluloid weiß	BOKER Made in USA "cloud" Backenstempel	USA	2	4.25"
9488	1925	1928	Jigged Bone	"Tree Brand" Ätzung, Clip Klinge, Zahnstocher	USA	1	5"
9488	1941		Hirschhorn-Imitat	Zahnstocher	USA	1	5"
9488 CS	1941		Pyralin gestreift	Zahnstocher	USA	1	5"
9488 PYR	1925	1928	Pyralin gestreift	"Tree Brand" Ätzung, Clip Klinge, Zahnstocher	USA	1	5"
9515	1941		Jigged Bone	BOKER Made in USA "cloud" Backenstempel	USA	2	3.75"
9520	1928	1941	Jigged Bone	Junior Scout	Solingen	4	3.375"
9520 PYR	1928		Pyralin	Junior Scout	Solingen	4	3.375"
9521	1928	1937	Perlmutt	Junior Scout	Solingen	4	3.375"
9525	1990		Jigged Red Bone	Trapper's Knife, Clip & Spey Klinge	Solingen	2	4.25"
9525	1988	1994	Delrin	Trapper's Knife, Clip & Spey Klinge, rostfreier Stahl	Solingen	2	4.25"
9525 SS	1988	1993	Green / Delrin schwarz	Trapper's Knife, Clip & Spey Klinge, rostfreier Stahl		2	4.25"
9525 T	1994	1996	Schildpatt-Imitat	Trapper's Knife, Clip & Spey Klinge	Solingen	2	4.25"
9547	1914		Kokosnuss			2	3.625"
9572	1915	1928	Ebenholz	"Boker Tree Brand" Ätzung	USA	2	
9572	1941	1960	Jigged Bone	Muskrat Knife	USA	2	4"
9572	1966	1982	Delrin	Muskrat Knife	USA	2	4"
9573	1941	1950	Jigged Bone	"Boker Tree Brand" Ätzung	USA	3	4"
9573	1950	1956	Hirschhorn-Imitat		USA	3	4"
9573 NH	1941	1950	Pyralin-Hirschhorn-Imitat	"Premium Stock Knife" Ätzung		3	4"
9573 NP	1941		Zelluloid-Perlmutt	"Boker Tree Brand" Ätzung		3	4"
9578	1950	1966	Jigged Bone	"Premium Punch Knife" Ätzung	USA	3	4"
9583 NP	1938		Zelluloid-Perlmutt	"Boker Tree Brand" Ätzung		3	3.312"
9588	1938	1941	Jigged Bone	"Boker Tree Brand" Ätzung	USA	3	3.375"
9588 NP	1941		Zelluloid-Perlmutt		USA	3	3.375"
9589	1928		Hartgummi schwarz	"Tree Brand" Ätzung	USA	2	
9593	1938	1941	Jigged Bone	"Boker Tree Brand" Ätzung, Punch Klinge	USA	3	3.375"
9615	1914	1928	Jigged Bone	"Tree Brand" Ätzung, Clip Klinge	USA	2	3.875"
9624	1928		Jigged Bone	"Tree Brand" Ätzung	USA	2	4.125"
9624 AT	1925	1928	Metall	"Tree Brand" Ätzung	USA	2	4.125"
9627	1914	1915	Jigged Bone	"Tree Brand" Ätzung		2	
9653	1914	1928	Jigged Bone	"Tree Brand" Ätzung, "Congress Jack"	USA	2	3.625"
9660	1914	1928	Jigged Bone	"Tree Brand" Ätzung	USA		3.25"
9675	1914	1928	Jigged Bone	"Tree Brand" Ätzung, Gunstock-Griffform	USA	2	3"
9675 BH	1928		Horn schwarz	"Tree Brand" Ätzung, Gunstock-Griffform	USA	2	3"
9676 GB	1915		Büffelhorn grau	Gunstock-Jack, "Tree Brand" Ätzung		2	
9678	1925	1928	Jigged Bone	"Tree Brand" Ätzung	USA	2	4.5"
9678 C	1928	1941	Jigged Bone	"Tree Brand" Ätzung, Clip Klinge	USA	2	4.5"
9695	1914	1960	Jigged Bone	"Tree Brand" Ätzung	USA	2	3.312"
9695	1972	1975	Delrin	Swell End Jack Knife, Spear & Pen Klinge	USA	2	3.312"
9696	1950	1960	Jigged Bone	"Tree Brand" Ätzung, Clip Klinge	USA	2	3.312"
9696	1972	1975	Delrin	Swell End Jack Knife, Clip & Pen Klinge	USA	2	3.312"
9696 B	1953		Zelluloid schwarz	Clip Klinge	USA	2	3.312"

Muster	Von	Bis	Griff	Bemerkungen	Produktion	Zahl Klingen	Länge Zoll
9697	1954	1964	Jigged Bone	Sheepfoot	USA	2	3.312"
9697	1972		Delrin	Swell End Jack Knife, Sheepfoot & Pen Klinge	USA	2	3.312"
9699	1914	1928	Jigged Bone	"Tree Brand" Ätzung	USA	2	3"
9699 BH	1928		Büffelhorn schwarz	"Tree Brand" Ätzung	USA	2	3"
9699 C	1941		Jigged Bone	Clip Klinge	USA	2	3"
9699 NH	1925	1941	Pyralin-Hirschhorn-Imitat	"Tree Brand" Ätzung	USA	2	3"
9716	1914	1915	Jigged Bone	"Tree Brand" Ätzung, Sheepfoot		2	
9719	1914	1928	Ebenholz	"Tree Brand" Ätzung in 1914, "Boker Tree Brand" Ätzung in 1928	USA	2	3.75"
9720	1914	1928	Jigged Bone	"Tree Brand" Ätzung	USA	2	3.625"
9720 C	1941		Jigged Bone	Clip Klinge	USA	2	3.625"
9722	1913	1915	Jigged Bone	"Tree Brand" Ätzung		2	3.5"
9733	1925	1928	Jigged Bone	"Tree Brand" Ätzung	USA	2	4"
9741	1915	1928	Jigged Bone	"Tree Brand" Ätzung	USA	2	3.875"
9741 C	1928	1941	Jigged Bone	"Tree Brand" Ätzung, Clip Klinge	USA	2	3.875"
9741 SF	1928		Jigged Bone	"Tree Brand" Ätzung, Sheepfoot	USA	2	3.875"
9767	1914	1928	Jigged Bone	"Tree Brand" Ätzung	USA	2	3.625"
9769	1914	1915	Ebenholz	"Tree Brand" Ätzung		2	
9770	1915	1941	Jigged Bone	"Tree Brand" Ätzung	USA	2	3.625"
9772	1915	1928	Ebenholz	"Tree Brand" Ätzung	USA	2	
9815	1925	1928	Jigged Bone	"Tree Brand" Ätzung	USA	2	4.5"
9815	1972	1975	Delrin	Large Swell End Jack Knife	USA	2	4.5"
9816	1925	1928	Jigged Bone	"Tree Brand" Ätzung, coffin Griff	USA	2	3.5"
9816 AT	1925	1928	Metall	"Tree Brand" Ätzung, coffin Griff	USA	2	3.5"
9821	1925	1928	Jigged Bone	"Tree Brand" Ätzung	USA	2	3.375"
9830	1915	1928	Jigged Bone	"Tree Brand" Ätzung		2	3.5"
9830 C	1913	1928	Jigged Bone	Clip Klinge		2	3.5"
9830 SF	1913	1928	Jigged Bone	Sheepfoot		2	3.5"
9830 SP	1913		Jigged Bone	Spearpoint		2	3.5"
9833	1925	1928	Jigged Bone	"Tree Brand" Ätzung	USA	2	4"
9841	1914	1915	Jigged Bone	Punch Klinge, "Tree Brand" Ätzung		2	3.5"
9847	1925	1928	Jigged Bone	"Tree Brand" Ätzung, Stockman	USA	3	
9849	1928		Jigged Bone	"Tree Brand" Ätzung, Stockman mit Punch	USA	3	
9879	1915	1928	Jigged Bone	"Tree Brand" Ätzung	USA	2	
9885	1972	1981	Delrin	Premium Stock Knife, schräge Backen	USA	3	4"
9885	1982	1983	DEL-BONE	Large Premium Stock Knife, schräge Backen	USA	3	4"
9885	1988	1996	DEL-BONE	Large Premium Stock Knife, schräge Backen	Solingen	3	4"
9885 I	1941	1975	Elfenbein Pyralin	Large Premium Stock Knife, schräge Backen	USA	3	4"
9885 I	1976	1988	Zelluloid-Perlmutt	Premium Stock Knife, schräge Backen	USA	3	4"
9885 T	1994	1996	Schildpatt-Imitat	Large Premium Stock Knife, schräge Backen	Solingen	3	4"
9885V	1980	1988	Elfenbein-Imitat	Premium Stock Knife, schräge Backen	USA	3	4"
9902	1914	1915	Jigged Bone	Gunstock-Jack, "Tree Brand" Ätzung		2	3.5"
9903	1914	1962	Jigged Bone	"Tree Brand" Ätzung	USA	2	2.875"
9903	1972	1982	Delrin	Dogleg Jack Knife	USA	2	2.875"
9904	1914	1928	Perlmutt	Wie Modell 9903, jedoch mit Perlmutt-Griff	USA	2	2.875"
9908	1925	1962	Jigged Bone	Clip Klinge	USA	2	2.875"
9908	1972	1982	Delrin	Dogleg Jack Knife, Clip Klinge	USA	2	2.875"
9908 AT	1928		Metall	Clip Klinge	USA	2	2.875"
9908 NP	1954		Zelluloid-Perlmutt		USA	2	2.875"
9974 BW	1914		Zelluloid, schwarz-weiß gestreift	Kapselheber, "PATENTED May 18, 1909"		2	3.25"
9982	1914	1928	Jigged Bone	"Tree Brand" Ätzung, Clip Klinge	USA	2	3"
9982 I	1925		Regenbogenfarben	Clip Klinge	USA	2	3"
9982 NH	1928		Pyralin-Hirschhorn-Imitat	"Tree Brand" Ätzung, Clip Klinge	USA	2	3"
9984	1914	1928	Jigged Bone	"Tree Brand" Ätzung	USA	2	4.125"
9984 W	1925		Knochen weiß	"Tree Brand" Ätzung	USA	2	4.125"
9984 W	1928		Celluloid	"Tree Brand" Ätzung	USA	2	4.125"
9987	1914	1928	Jigged Bone	"Tree Brand" Ätzung	USA	2	3"
9987 GP	1928		Pyralin gold	"Tree Brand" Ätzung	USA	2	3"
9991	1914		Büffelhorn	"Tree Brand" Ätzung		2	3"
9991	1928		Zelluloid schwarz	"Tree Brand" Ätzung, Clip Klinge	USA	2	3"
9992	1914	1928	Perlmutt	"Tree Brand" Ätzung, Clip Klinge	USA	2	3.125"
12853	1935		Jigged Bone	"King Cutter" Ätzung, 1 Klinge, Lockback Jagdmesser		1	3.25"
70113	1976	1983	DEL-BONE	Abgestufte Backen Congress, „Olde Stag"-Emblem	USA	4	3.5"
70113	1988	1996	DEL-BONE	Abgestufte Backen Congress, „Olde Stag"-Emblem	Solingen	4	3.5"
70485	1976	1982	DEL-BONE	Large Premium Stock Knife, schräge Backen, „Olde Stag"-Emblem	USA	3	4"
70488	1976	1982	DEL-BONE	Medium Premium Stock Knife, „Olde Stag"-Emblem	USA	3	3.25"
SS 88	1954	1965	Pyralin gelb	Anglermesser mit Entschupper & Hakenentferner	USA	2	4.25"